피셔가 들려주는 통계 이야기

피셔가 들려주는 통계 이야기

초　판　1쇄 발행일 | 2005년 11월 17일
개정판　1쇄 발행일 | 2010년 9월 1일
개정판 12쇄 발행일 | 2021년 5월 31일

지은이 | 정완상
펴낸이 | 정은영
펴낸곳 | (주)자음과모음

출판등록 | 2001년 11월 28일 제2001-000259호
주　　소 | 04047 서울시 마포구 양화로6길 49
전　　화 | 편집부 (02)324-2347, 경영지원부 (02)325-6047
팩　　스 | 편집부 (02)324-2348, 경영지원부 (02)2648-1311
e-mail | jamoteen@jamobook.com

ISBN 978-89-544-2067-9 (44400)

피셔가 들려주는

통계 이야기

| 정완상 지음 |

(주)자음과모음

피셔를 꿈꾸는 청소년을 위한 '통계' 이야기

피셔는 자료를 정확하게 분석하여 통계로 처리하는 방법에 대한 연구로 유명한 통계학자입니다. 그는 통계에 관한 많은 책을 썼으며 자료를 분석하는 방법에 대해 많은 연구를 하여 현대 통계학을 발전시켰습니다.

통계에 대한 피셔의 수업을 듣는 동안 여러분은 수학 시험 평균을 따지는 이유와, 어떤 나라가 잘사는지 못사는지를 나타낼 때 왜 국민 1인당 평균 소득을 따지는지에 대해 눈뜨게 될 것입니다. 여러분 가운데 미래의 통계학자를 꿈꾸는 청소년이 있다면 더더욱 특별한 수업이 될 것임을 자신합니다.

이 책을 쓰는 내내 어떻게 하면 재미와 정보, 지식 모두를 가지도록 도와줄까에 대해 많이 생각했습니다. 고민 끝에, 여러분 곁에서 이 분야의 전문가가 자신의 이야기를 직접 들려준다면 중도에 포기하지 않고 끝까지 읽을 수 있을 것이라는 생각이 들었습니다.

이 책에서는 피셔가 여러분 모두를 통계 수업 시간에 초대할 것입니다. 여러분이 자리에 앉으면 그때부터 자료 값을 정리하여 표를 만들거나 평균을 구하는 방법에 대한 자세한 강의가 시작될 것입니다.

피셔의 수업을 듣는 동안 여러분은 통계의 모든 것에 대해 알게 될 것입니다. 특히 확률을 이용하여 기댓값을 구하거나 OX 문제를 아무렇게나 찍었을 때 기댓값을 구하는 방법에 대해 배울 수 있습니다.

마지막으로 이 책의 원고를 교정해 주고, 부록 동화에 대해 함께 토론하며 좋은 책이 될 수 있게 도와준 유아름 양에게 고맙다는 말을 전하고 싶습니다. 그리고 이 책이 나올 수 있도록 물심양면으로 도와주신 강병철 사장님과 직원 여러분에게도 감사를 드립니다.

정 완 상

차례

첫 번째 수업

1

자료의 정리

자료들을 표로 정리하면 보기에 좋습니다.
자료들을 표로 나타내는 방법에 대해 알아봅시다.

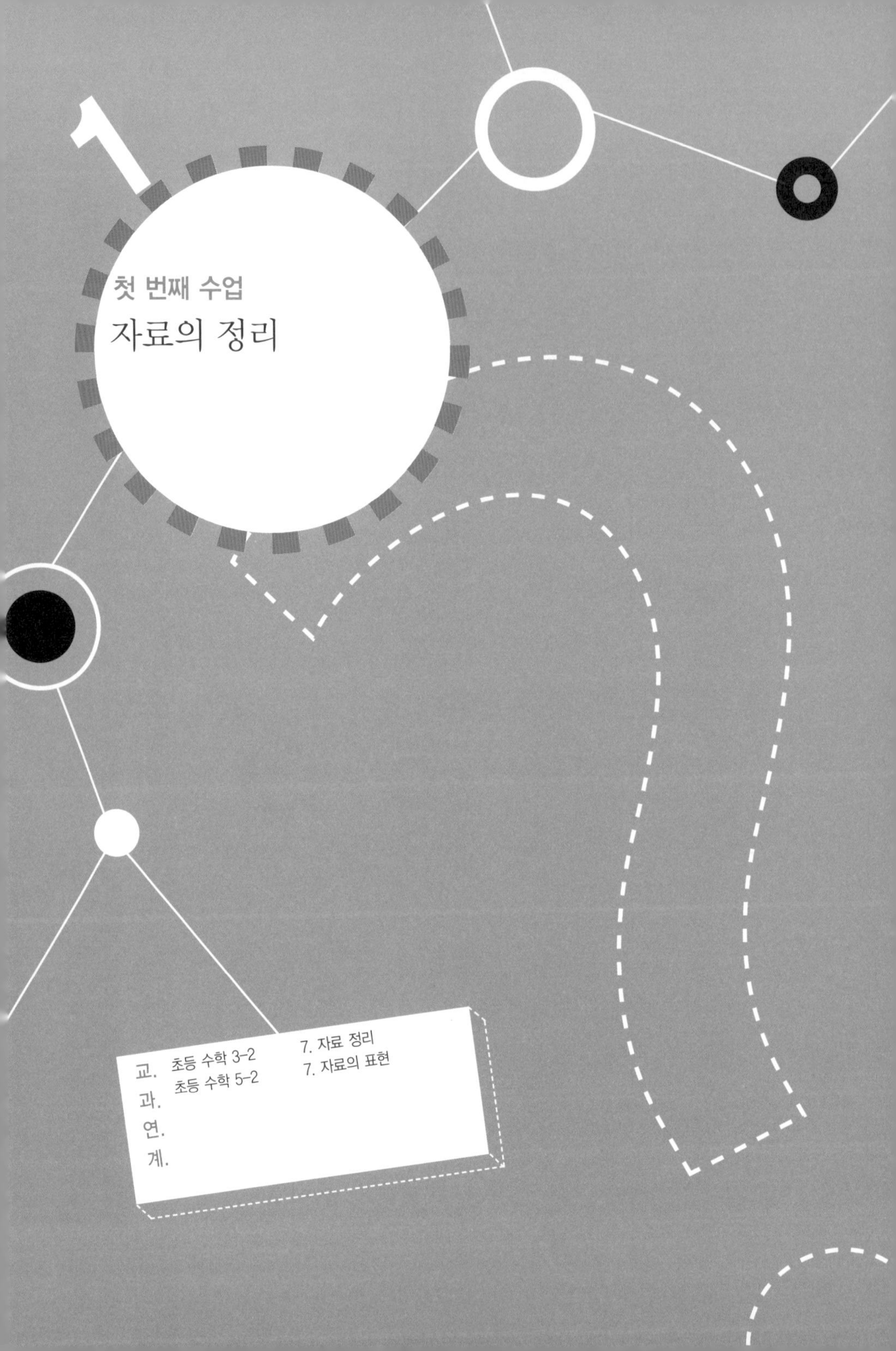

1

첫 번째 수업

자료의 정리

교과연계.

초등 수학 3-2 7. 자료 정리

초등 수학 5-2 7. 자료의 표현

피셔는 설레는 마음으로 첫 번째 수업을 시작했다.

오늘은 자료를 표로 만들고 그것을 그림으로 그리는 방법에 대해 알아보겠습니다.

피셔는 학생들에게 장래 희망을 물어보았다. 결과는 다음과 같았다.

선생님이 되고 싶은 학생 : 4명
연예인이 되고 싶은 학생 : 6명
과학자가 되고 싶은 학생 : 3명

운동선수가 되고 싶은 학생 : 5명

이렇게 나열하니까 한눈에 들어오지 않죠? 그래서 자료를 정리할 때는 다음과 같이 표를 만듭니다.

장래 희망	학생 수
선생님	4명
연예인	6명
과학자	3명
운동선수	5명

좀 더 간단하게 표를 만들어 볼까요? 사람 수를 헤아리는 단위가 '명'이므로 위의 표를 다음과 같이 정리할 수 있습니다.

장래 희망	학생 수(명)
선생님	4
연예인	6
과학자	3
운동선수	5

위의 표를 통해 우리 반 학생들의 장래 희망에 대해 모든 것을 알 수 있습니다.

학생들이 가장 많이 희망하는 직업은 무엇인가요?

__ 연예인입니다.

그렇군요. 표에서 숫자가 가장 큰 곳의 장래 희망을 찾으면 됩니다.

그럼 학생들이 가장 적게 희망하는 직업은 무엇인가요?

__ 과학자입니다.

네, 맞습니다. 표에서 숫자가 가장 작은 곳의 장래 희망을 찾으면 됩니다.

이렇게 표를 이용하면 우리 반 학생들이 장래에 무엇이 되고 싶은지를 한눈에 쉽게 알 수 있습니다.

막대그래프

피셔는 신지, 미리, 라니아를 앞으로 나오라고 말했다. 3명을 나란히 세웠더니 라니아가 가장 크고 그 다음으로는 미리, 그리고 신지가 가장 작았다.

세 사람을 나란히 세우니까 누가 제일 크고 작은지를 금방 눈으로 볼 수 있지요? 이 방법은 자료를 정리할 때도 사용할

수 있습니다.

다음 페이지의 그래프를 살펴봅시다.

학생 수는 가로에, 장래 희망은 세로에 표시했습니다. 이렇게 자료를 막대로 나타낸 그림을 막대그래프라고 합니다.

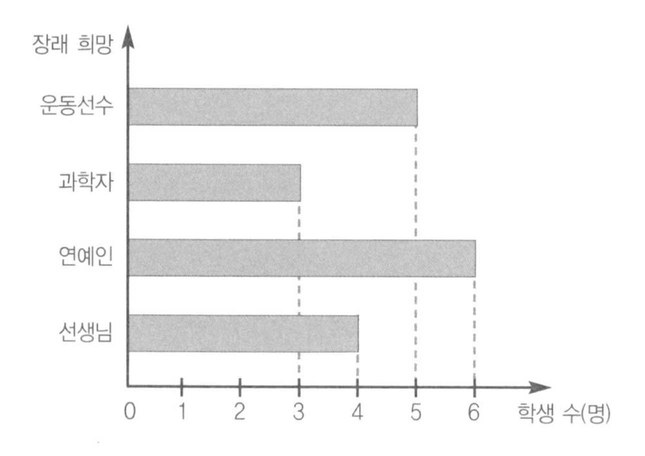

막대그래프를 살펴보면 연예인을 나타내는 막대가 제일 길고, 과학자를 나타내는 막대가 제일 짧습니다. 이렇게 막대그래프를 만들면 학생들의 장래 희망 중 어떤 것이 많고 적은지를 쉽게 알 수 있습니다.

세로로 그린 막대그래프

막대그래프는 세로로 나타낼 수도 있습니다.

아래의 막대그래프는 신지네 반 학생들이 가장 좋아하는 계절을 조사하여 나타낸 것입니다.

이번에는 막대가 세로로 그려져 있습니다. 세로축에는 학생 수를, 가로축에는 좋아하는 계절을 표시했습니다. 이 막대그래프도 앞의 그래프와 마찬가지로 막대가 길수록 학생

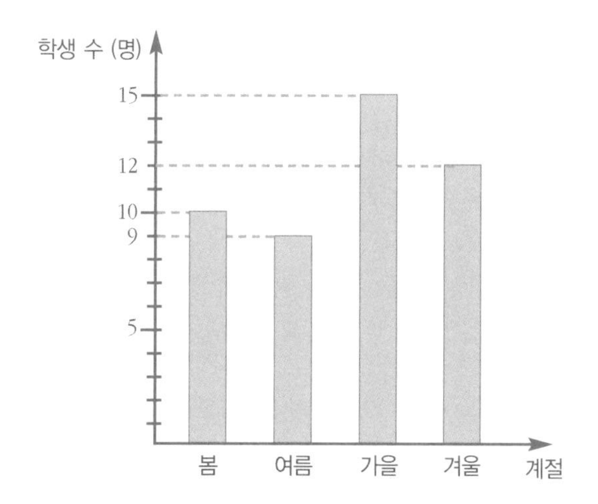

수가 많습니다.

학생들이 가장 좋아하는 계절은 무엇인가요?

_가을입니다.

학생들이 가장 좋아하지 않는 계절은 무엇인가요?

_여름입니다.

맞습니다. 여름은 너무 더워서 학생들이 싫어하는 것 같습니다.

그럼 신지네 반 학생은 모두 몇 명인가요?

학생들은 답을 몰라 서로의 얼굴만 바라보고 있었다.

앞의 막대그래프는 학생들이 어느 계절을 더 많이 좋아하는지는 바로 알 수 있습니다. 그러나 신지네 반 학생들이 모두 몇 명인지는 쉽게 알 수가 없습니다.

신지네 반 학생 수를 구하려면 막대그래프보다는 표를 만드는 것이 편리합니다. 이 자료로 표를 만들면 다음과 같습니다.

좋아하는 계절	학생 수(명)
봄	10
여름	9
가을	15
겨울	12

각각의 계절을 좋아하는 학생 수가 숫자로 표시되어 있습니다. 표에서 학생 수를 나타내는 부분만 색칠해 봅시다.

좋아하는 계절	학생 수(명)
봄	10
여름	9
가을	15
겨울	12

신지네 반의 전체 학생 수는 색칠한 부분의 수를 모두 더하면 됩니다.

$$10 + 9 + 15 + 12 = 46$$

그러므로 신지네 반 학생 수는 46명입니다.

전체 학생 수를 표에 함께 표시하는 방법이 있을까요? 그것은 아래와 같이 한 줄을 표에 추가하면 됩니다. 이렇게 나타내면 표 안에 신지네 반 학생들이 좋아하는 계절에 대한 정보와 전체 학생 수를 모두 넣을 수 있습니다.

신지네 반 학생들이 좋아하는 계절과 전체 학생 수의 자료를 가지고 표를 만들어 봅시다.

좋아하는 계절	학생 수(명)
봄	10
여름	9
가을	15
겨울	12
합계	46

만화로 본문 읽기

장래희망	학생 수(명)
선생님	5
운동선수	3
과학자	6

장래희망	학생 수(명)
선생님	5
운동선수	3
과학자	6

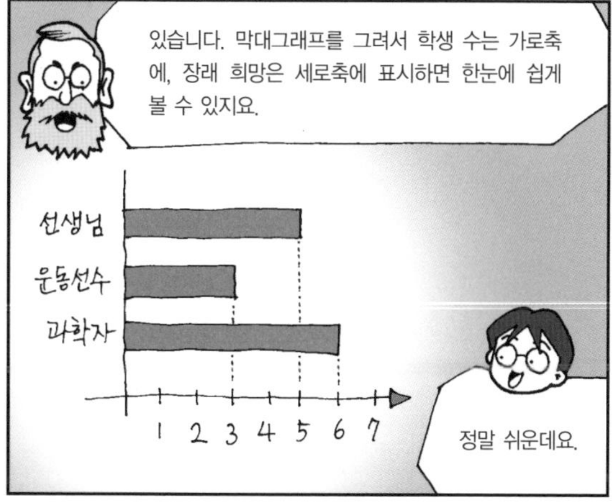

두 번째 수업

2

막대그래프

남자와 여자의 자료를 함께 나타내는 방법은 무엇일까요?
좀 더 복잡한 자료로 막대그래프를 그려 봅시다.

2

두 번째 수업

막대그래프

교과연계		
	초등 수학 3-2	7. 자료 정리
	초등 수학 4-2	7. 꺾은선그래프

피셔는 학생들에게 좋아하는 산을 물으며 두 번째 수업을 시작했다.

오늘은 좀 더 복잡한 자료들을 나타내는 막대그래프에 대해 알아보겠습니다.

피셔는 먼저 남학생들에게 자신이 가고 싶은 산을 적어 보라고 말했다.

설악산을 좋아하는 학생이 3명, 백두산이 6명, 한라산이 2명, 금강산이 7명으로 나왔네요. 이 결과를 가지고 남학생들이 좋아하는 산에 대한 표를 만들어 봅시다.

좋아하는 산	학생 수(명)
설악산	3
백두산	6
한라산	2
금강산	7

남학생들이 가장 많이 좋아하는 산은 무엇인가요?

__ 금강산입니다.

남학생들이 가장 적게 좋아하는 산은 무엇인가요?

__ 한라산입니다.

남학생 수는 모두 몇 명인가요?

__ 3 + 6 + 2 + 7 = 18이므로 18명입니다.

남학생 전체 수를 표에 넣으면 다음과 같습니다.

좋아하는 산	학생 수(명)
설악산	3
백두산	6
한라산	2
금강산	7
합계	18

이번에는 여학생에 대해 같은 조사를 해 보겠습니다.

피셔는 여학생들에게 자신들이 좋아하는 산을 적으라고 말했다.

설악산을 좋아하는 학생이 2명, 백두산이 7명, 한라산이 4명, 금강산이 5명입니다.

좋아하는 산	학생 수(명)
설악산	2
백두산	7
한라산	4
금강산	5

이 자료를 가지고 여학생들이 좋아하는 산에 대한 표를 만들어 봅시다.

여학생들이 가장 많이 좋아하는 산은 무엇인가요?

__ 백두산입니다.

여학생들이 가장 적게 좋아하는 산은 무엇인가요?

__ 설악산입니다.

여학생 수는 모두 몇 명인가요?

__ 2 + 7 + 4 + 5 = 18이므로 18명입니다.

여학생 전체 수를 표에 넣으면 다음과 같습니다.

좋아하는 산	학생 수(명)
설악산	2
백두산	7
한라산	4
금강산	5
합계	18

이제 남학생과 여학생의 자료를 한꺼번에 표로 나타내 봅시다.

좋아하는 산	남학생 수(명)	여학생 수(명)
설악산	3	2
백두산	6	7
한라산	2	4
금강산	7	5

이 표는 앞에서 작성한 2개의 표를 합쳐 놓은 것입니다.

여기서 남학생들에 대한 자료만 모으면 다음 그림의 색칠한 부분과 같습니다.

좋아하는 산	남학생 수(명)	여학생 수(명)
설악산	3	2
백두산	6	7
한라산	2	4
금강산	7	5

여학생들에 대한 자료만 모으면 다음 그림의 색칠한 부분과 같습니다.

좋아하는 산	남학생 수(명)	여학생 수(명)
설악산	3	2
백두산	6	7
한라산	2	4
금강산	7	5

이제 이 표가 2개의 자료를 한꺼번에 나타내고 있다는 것을 알 수 있을 것입니다.

그렇다면 남학생과 여학생을 각각 막대그래프로 나타낼 수 있을까요? 막대의 모양이 똑같으면 어떤 막대가 남학생의 자료를 나타내는지 알 수가 없습니다. 그러므로 다음 그림과 같이 남학생의 막대와 여학생의 막대를 다른 색으로 구별하여 사용합니다.

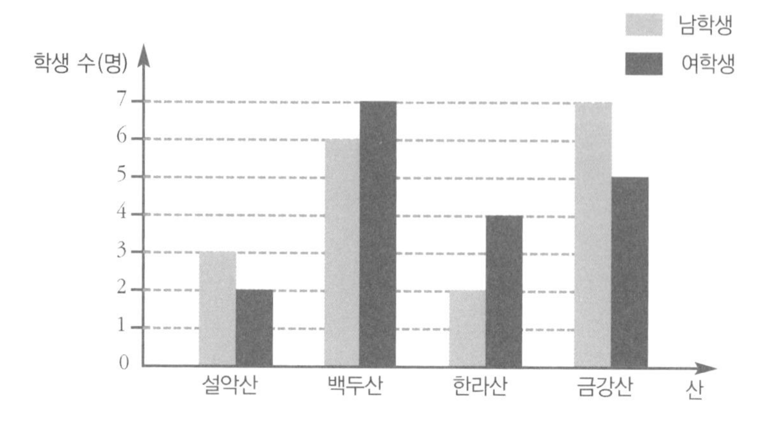

이 막대그래프는 남학생들이 좋아하는 산과 여학생들이 좋아하는 산에 대한 자료를 동시에 나타내고 있습니다.

이 그래프를 보면 여러 가지를 알 수 있습니다. 우선 남학생들이 제일 좋아하는 산과 제일 싫어하는 산에 대해 알 수 있고, 또 여학생들이 제일 좋아하는 산과 제일 싫어하는 산에 대해서도 알 수 있습니다.

뿐만 아니라 이 그래프는 각각의 산에 대해 남학생들과 여학생들이 좋아하는 정도의 차이를 알 수 있습니다. 예를 들어 한라산의 경우 남학생은 2명, 여학생은 4명이 좋아하고, 이것은 한라산을 좋아하는 아이들 중에서는 여학생이 남학생보다 더 많다는 것을 알려 줍니다.

수학자의 비밀노트

꺾은선그래프

가로, 세로의 눈금에 나타낼 것을 정한 후 조사한 내용을 가로, 세로 눈금에서 각각 찾아 만나는 자리에 점을 찍는다. 이 점을 선분으로 이으면 꺾은선 그래프가 완성된다.

다음은 여름 날 운동장의 온도를 오전 10시부터 오후 2시까지 1시간마다 잰 것이다. 이 자료의 꺾은선그래프를 그려 보고, 특징을 살펴보면 다음과 같다.

〈운동장의 온도〉

시각(시)	오전 11	오후 12	1	2	3
온도(℃)	22	25	32	30	28

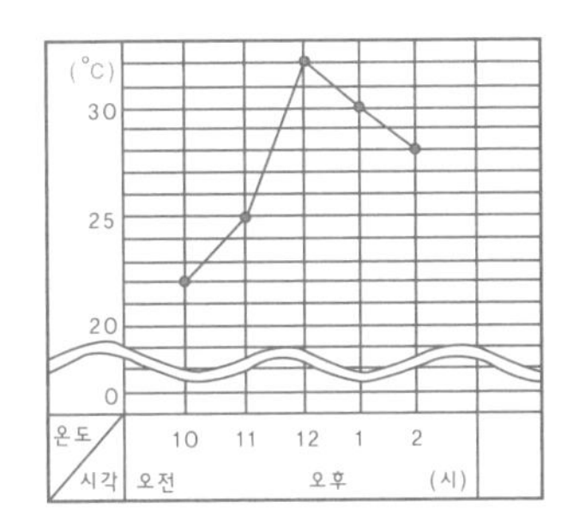

특징

1. 필요없는 부분을 ≈(물결선)으로 줄여서 그리면, 변화하는 모양을 뚜렷이 나타낼 수 있다.
2. 시간에 따른 연속적인 변화를 알아보기 쉽다.
3. 늘어나고 줄어드는 상태를 알기 쉽다.
4. 조사하지 않은 중간 값도 짐작할 수 있다. (오후 1시 30분의 운동장의 온도 : 29℃)

예) 연도별 수출액 변화, 월 평균 강우량, 나의 키의 변화 등

만화로 본문 읽기

무엇을 그렇게 열심히 하나요?
저희 반 학생들에 대해 조사한 내용을 정리 중이에요.

저희 반 학생들이 좋아하는 산에 대한 설문 조사의 결과를 막대그래프로 정리했어요.
남학생
여학생

그런데 남학생과 여학생의 설문 결과를 한 그래프에 어떻게 표현해야 할지 모르겠어요.

막대의 모양이 똑같으면 어떤 막대가 남학생의 자료를 나타내는지 알 수가 없습니다.
그래서 2개의 그래프를 합쳐서 표현할 때는 색깔을 다르게 하는 방법이 있답니다.
남학생
여학생

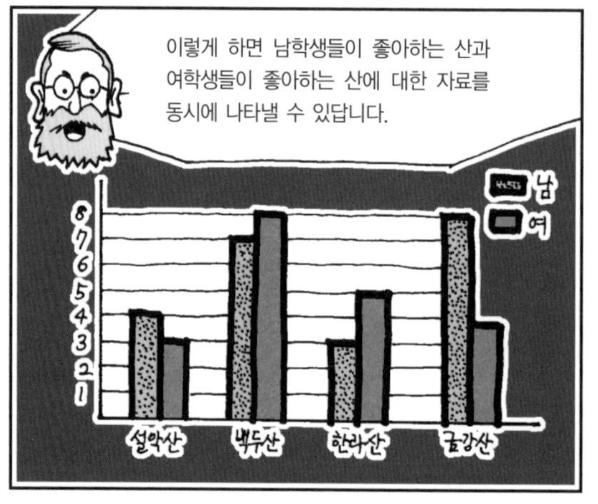

이렇게 하면 남학생들이 좋아하는 산과 여학생들이 좋아하는 산에 대한 자료를 동시에 나타낼 수 있답니다.
남
여
8
7
6
5
4
3
2
1
설악산
백두산
한라산
금강산

또한 남학생과 여학생이 각각 좋아하는 산과 싫어하는 산을 알 수 있고, 각 산마다 좋아하는 정도의 차이도 쉽게 알 수 있지요.
정말 한눈에 알아볼 수 있네요.

세 번째 수업 3

그림그래프

학생 수를 그림으로 나타낼 수 있을까요?
그림그래프에 대해 알아봅시다.

3

세 번째 수업

그림그래프

교.과.연.계.		
	초등 수학 3-2	7. 자료 정리
	초등 수학 4-2	7. 자료의 표현

세 번째 수업을 하는 날은 마침 피셔의 생일이었다.

아이들은 피셔의 생일을 축하하기 위해 조그만 케이크를 준비했다. 그 위에 피셔의 나이 43세에 맞춰 긴 초 4개와 작은 초 3개를 꽂았다.

내 생일을 축하해줘서 정말 고맙습니다. 그런데 케이크 위에 꽂힌 초를 보니 갑자기 이런 생각이 드는군요.

지금은 긴 초와 작은 초가 있지만, 만일 긴 초가 없고 작은 초만 있다면 몇 개를 꽂아야 할까요?

__43개입니다.

하지만 케이크가 지저분해지겠지요. 그래서 우리는 10살을 나타내는 긴 초와 1살을 나타내는 작은 초를 이용합니다.

이 방법은 숫자를 나타내는 방법에도 쓰입니다. 아주 옛날 사람들은 숫자를 나타낼 때 하나의 사물을 1개의 막대기로 표시했습니다. 예를 들어 13은 다음과 같이 나타낼 수 있습니다.

그러다가 사람들은 10을 나타내는 기호를 만들었습니다. 만일 10을 나타내는 기호가 다음과 같다고 가정해 봅시다.

13은 10이 1개이고 1이 3개이니까, 다음과 같이 나타낼 수

있습니다.

바로 이런 식으로 수를 나타내는 방법으로 생일 케이크에 긴 초와 작은 초를 사용하는 것입니다.

그림그래프

이제 이 방법을 이용하여 그림그래프를 만들어 보겠습니다. 우리 마을에는 3개의 동네가 있는데 각각 A동네, B동네, C동네입니다.

A, B, C 각 동네에 사는 초등학생들의 수를 조사했더니 다음과 같았습니다.

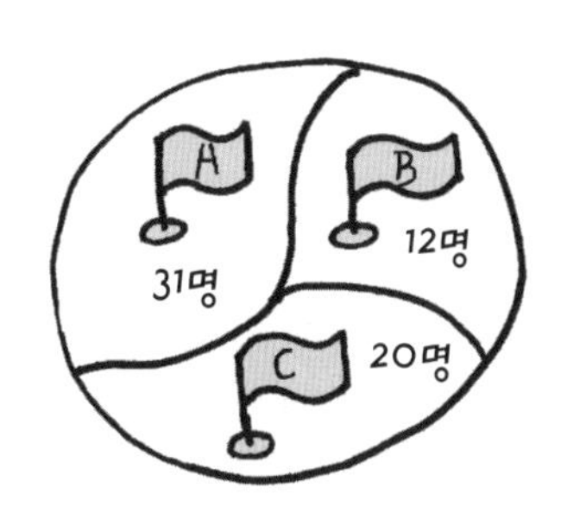

A동네 : 31명

B동네 : 12명

C동네 : 20명

조사한 각 동네별 초등학생 수를 표로 만들면 다음과 같습니다.

동네	초등학생 수(명)
A	31
B	12
C	20

위의 표를 가로는 동네, 세로는 초등학생 수로 하여 막대그래프로 나타내면 다음과 같습니다.

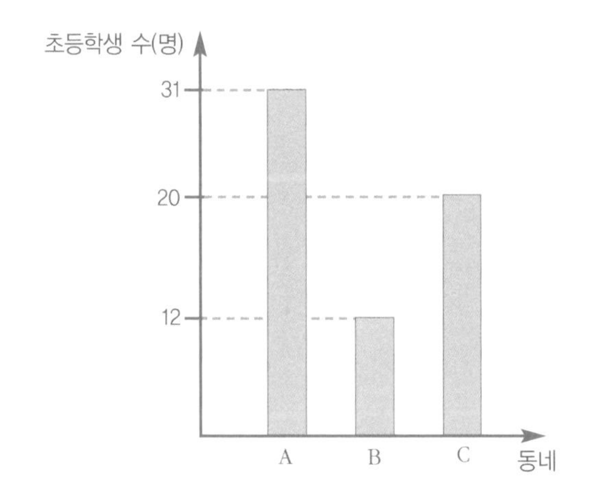

이 방법으로는 어느 동네에 초등학생이 가장 많은지를 마을 지도에 나타내기가 곤란합니다. 그렇다면 생일 케이크의 초처럼 초등학생을 그림으로 나타내 봅시다.

초등학생 1명을 다음과 같이 나타내기로 하죠.

이제 각 동네의 초등학생의 수만큼 그려 넣어 봅시다.

A동네

B동네

C동네

앞에서 작은 초를 나이만큼 케이크에 꽂았을 때와 같이 복

잡해졌습니다. 그리고 일일이 사람 수를 헤아려야 하므로 불편하기도 합니다.

따라서 10살을 나타내는 긴 양초처럼 초등학생 10명을 다음과 같이 큰 그림으로 나타내 봅시다.

위 그림을 이용하여 A동네에 사는 31명의 초등학생을 나타내려면 31은 10이 3개이고 1이 1개이므로 다음과 같이 그릴 수 있습니다.

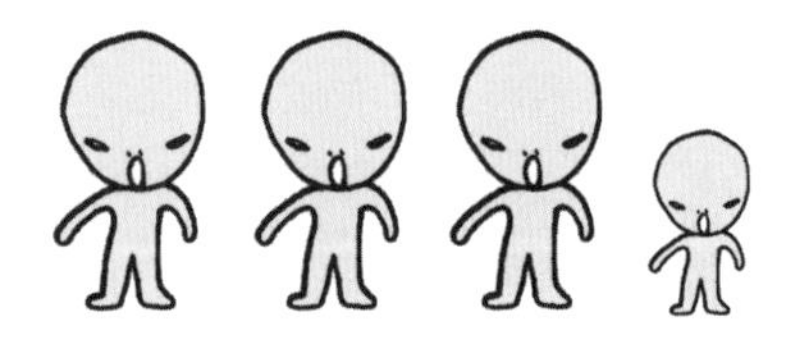

이제 모두 해결되었습니다. B동네, C동네의 초등학생 수도 같은 방법으로 지도에 그리면 오른쪽 페이지와 같습니다.

이처럼 그림으로 지도에 표시하면 훨씬 보기 좋다는 것을

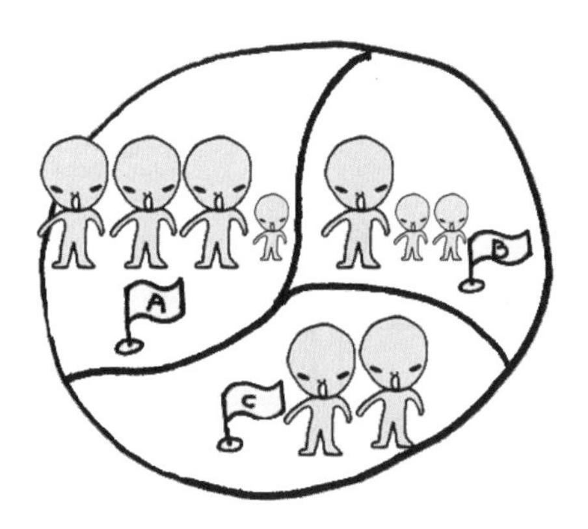

알 수 있습니다. 따라서 그림그래프는 여러 나라의 인구를 비교할 때 많이 사용합니다.

만화로 본문 읽기

선생님, 저 좀 도와주세요.
무슨 일인가요?

지도에 반 아이들이 사는 동네를 표시해야 하는데 잘 안 돼요. 막대그래프로는 위치를 표시할 수가 없고요.

맞아요. 막대그래프는 지도에 표시하기 곤란합니다. 이럴 경우에는 그림그래프를 사용하면 훨씬 좋답니다.
그림그래프요?

학생들이 어느 동네에 살고 있는지를 그림그래프로 표시하면 이렇게 된답니다.

그런데 인원이 너무 많아서 마을 지도에 다 나타내기 곤란해요.
맞아요. 그래서 생일 케이크에 꽂는 초처럼 1개 단위와 10개 단위로 구분할 수 있어요.

아, 그럼 학생 10명을 큰 그림 하나로 나타내서 지도에 그리면 되겠네요.
맞아요. 이게 바로 그림그래프랍니다.

네 번째 수업

4

비율그래프

비율의 뜻을 알아봅시다.
비율그래프를 만들어 봅시다.

4

네 번째 수업
비율그래프

교.
과.
연.
계.

초등 수학 3-2 7. 자료 정리
초등 수학 6-2 6. 비와 비율

피셔는 비율그래프를 알려 줄 생각에 신이 나서 네 번째 수업을 시작했다.

오늘은 비율을 이용하여 그래프로 나타내는 방법에 대해 알아보겠습니다.

어떤 가게를 보면 모든 상품을 10%만큼 깎아 준다고 써 있는 것을 본 적이 있을 거예요. 여기서 %는 퍼센트라고 읽는데 이것의 뜻은 무엇일까요?

먼저 퍼센트의 뜻을 알아보겠습니다.

피셔는 아이들을 모두 나오라고 말했다. 여학생 6명, 남학생 4명이었다.

여학생의 숫자가 남학생보다 더 많습니다. 이것을 다른 말로 우리 반은 여학생의 비율이 높다고 합니다.

비율은 퍼센트(%)로 나타내면 매우 편리합니다. 우리 반의 여학생의 비율을 %로 나타내 봅시다.

%로 나타내려면 100을 기준으로 해야 합니다. 그러니까 전체가 100명일 때 여학생의 수가 바로 우리 반 여학생의 비율이 됩니다. 그러면 전체 학생 수는 10명인데 어떻게 100명을 만들까요?

생각보다 간단합니다. 전체가 10명일때 여학생은 6명입니다. 그럼 전체가 100명이면 여학생은 몇 명일까요?

전체 학생 수가 10에서 100으로 10배가 되었습니다. 그러므로 여학생 수 6명도 10배가 되어야 합니다. 즉, 전체 학생 수가 100명이라면 여학생의 수는 6의 10배인 60명이 되어야 합니다. 그러므로 여학생의 비율은 60%가 되지요.

그러면 남학생의 비율은 얼마일까요?

여학생이거나 남학생이어야 하므로 전체 100에서 여학생의 수 60을 뺀 40이 남학생의 수가 됩니다. 그러므로 남학생의 비율은 40%가 됩니다.

이제 %의 뜻을 알았을 것입니다.

띠그래프

앞에 나온 학생 수의 비율을 다음과 같이 띠에 표시할 수 있습니다. 이런 그래프를 띠그래프라고 합니다.

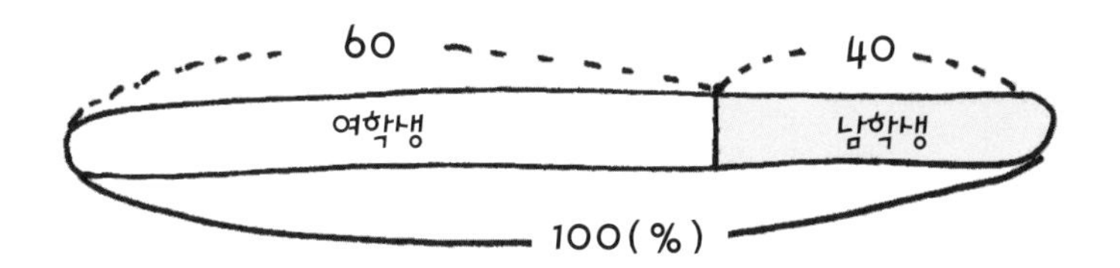

띠의 길이를 100이라고 할 때, 여학생의 비율이 60%이므로 여학생을 나타내는 부분의 길이를 60으로 하면 됩니다.

이때 남아 있는 부분은 자동적으로 40이 되고 남학생을 나타냅니다. 이렇게 띠그래프를 사용하면 길이를 비교하여 남학생과 여학생 가운데 어느 쪽이 더 많은지를 쉽게 알 수 있습니다.

우리는 지금까지 남학생 수와 여학생 수를 비교했습니다. 그러므로 비교하는 대상이 2종류였습니다.

하지만 비교하는 대상이 셋 이상이 되어도 띠그래프로 나타낼 수 있습니다.

피셔는 10명의 아이들에게 혈액형을 물었다. 아이들의 혈액형은 다음과 같았다.

A형 : 4명

B형 : 2명

O형 : 3명

AB형 : 1명

전체 학생 수가 10명이므로 각각의 혈액형을 가진 학생 수의 비율을 %로 나타내려면 각 학생 수에 10을 곱하면 되겠죠? 결과는 다음과 같습니다.

A형 : 40%

B형 : 20%

O형 : 30%

AB형 : 10%

이제 이 자료들을 가지고 띠그래프를 만들면 다음과 같습니다.

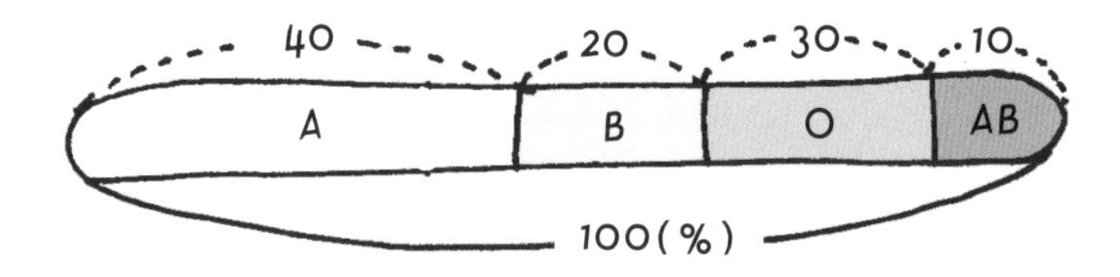

원그래프

이번에는 원그래프를 만드는 방법을 알아보겠습니다.

다음 자료는 어떤 반 아이들에게 좋아하는 과목을 조사한 자료입니다.

국어 : 10명

수학 : 15명

과학 : 25명

전체 학생 수는 50명입니다. 각 과목을 좋아하는 학생들의 비율은 어떻게 될까요?

국어의 경우 전체 학생 수가 50명일 때 국어를 좋아하는 학생은 10명입니다. 즉, 전체 학생 수가 100명일 때 국어를 좋아하는 학생 수가 바로 국어를 좋아하는 학생의 비율이 되는 것입니다.

전체 학생 수가 50에서 100으로 2배가 되었으므로 국어를 좋아하는 학생 수 10명의 2배를 구하면 20명이 됩니다.

그러므로 전체 학생 수가 100명이라면 국어를 좋아하는 학생 수는 20명이 됩니다. 즉, 국어를 좋아하는 학생의 비율은 20%입니다.

같은 방법으로 다른 과목에 대해서도 그 과목을 좋아하는 학생의 비율을 %로 구하면 다음과 같습니다.

국어 : 20%

수학 : 30%

과학 : 50%

이것을 다음과 같이 원에 나타낼 수 있습니다.

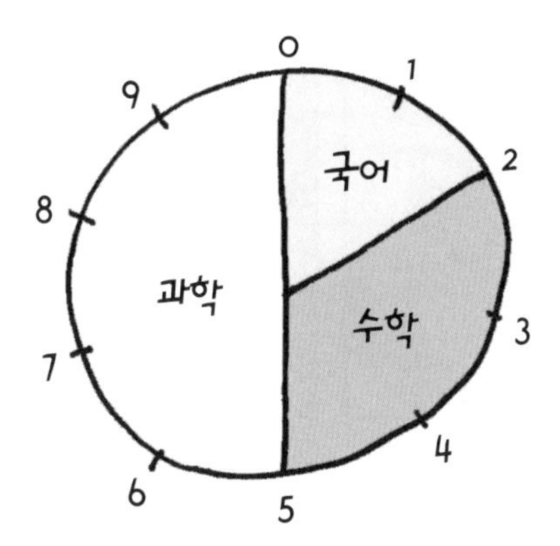

국어는 전체 원 넓이의 20%, 수학은 30%, 과학은 50%가 되도록 나누어 나타낸 것입니다. 이렇게 자료를 나타내면 우리 반 아이들이 어떤 과목을 제일 좋아하는지 눈으로 쉽게 확인할 수 있습니다. 이런 그래프를 원그래프라고 부릅니다.

수학자의 비밀노트

비율그래프의 특징

1. 전체에 대한 각 부분의 비율을 알아보기 쉽다.
2. 각 부분끼리의 비율을 쉽게 비교할 수 있다.
3. 띠그래프에서는 띠의 길이가 길수록, 원그래프에서는 차지하는 부분이 많을수록 비율이 높다.
4. 가장 많은 부분과 가장 적은 부분을 차지하는 항목을 한눈에 알아볼 수 있다.

만화로 본문 읽기

오늘은 무엇을 하고 있나요?
저희 반 학생들이 미술 시간에 낸 과제를 정리하고 있어요.

남학생 작품과 여학생 작품으로 나누어 정리하고 있는 중이에요.
그럼 띠그래프를 이용하면 되겠네요.

자, 남학생과 여학생의 작품는 각각 몇 개인가요?
여학생이 6개, 남학생이 4개예요.

남녀 학생의 비율을 %로 나타내 봅시다. %로 나타내려면 100을 기준으로 해야 합니다. 즉, 학생이 100명이라고 했을 때 남녀 학생의 비율을 나타내는 것이죠.
%
전체 학생 수는 10명인데 어떻게 100명을 만드나요?

전체 학생 수가 10에서 100으로 10배가 되었습니다. 그러므로 여학생 수 6명도 10배를 하여 60%가 되는 것입니다. 또 남학생의 비율은 전체 100에서 여학생의 비율 60%를 뺀 40%가 됩니다.
전체: 10 → 100%
X 10
남: 6 → 60%
X 10
여: 4 → 40%
X 10

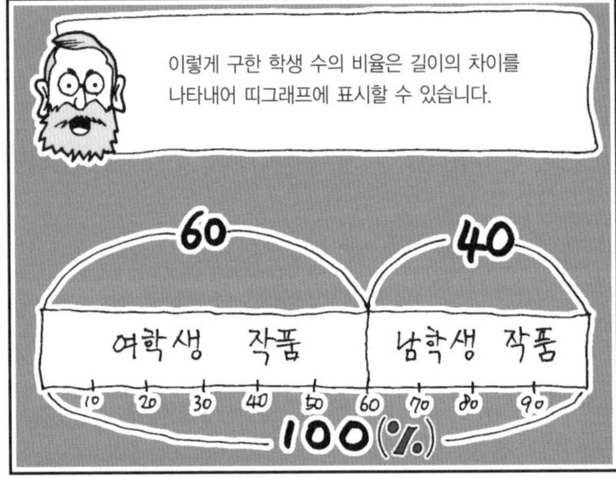

이렇게 구한 학생 수의 비율은 길이의 차이를 나타내어 띠그래프에 표시할 수 있습니다.
60
40
여학생 작품
남학생 작품
10 20 30 40 50 60 70 80 90
100(%)

다 섯 번 째 수 업

5

평균 이야기

통계는 평균을 구하는 것부터 시작합니다.
평균에 대해 알아봅시다.

5

다섯 번째 수업

평균 이야기

교. 초등 수학 5-2 7. 자료의 표현
과.
연.
계.

피셔는 평균이 필요한 까닭을 설명하며 다섯 번째 수업을 시작했다.

우리 반과 옆 반 선생님이 내기를 하셨다고 합시다. 어떤 반이 수학을 더 잘하는 지를 놓고 말이죠.

우리 반이 옆 반보다 수학을 잘하는지 못하는지를 조사할 때 어떤 일을 해야 할까요? 우리 반에는 100점짜리 학생이 있고 옆 반에는 없으니까 우리 반이 수학을 더 잘한다고 해야 할까요?

그런 일은 거의 일어나지 않겠지만, 만일 우리 반이 1명만 100점이고 모두 0점이라면 과연 우리 반이 수학을 더 잘한다고 말할 수 있을까요?

이렇게 어느 반이 수학을 더 잘하는 반인가 알기 위해서는 평균을 조사해야 합니다.

먼저 평균이 왜 필요한가를 알기 위해 다음과 같은 예를 들어 볼게요.

미나와 철수가 수학과 과학 두 과목의 시험을 치렀습니다. 미나는 수학을 100점, 과학을 60점 받았고 철수는 수학을 90점, 과학을 80점 받았습니다. 두 사람 가운데 누가 더 공부를 잘할까요?

물론 수학은 미나가 잘하고 과학은 철수가 잘합니다. 하지만 두 과목을 함께 비교할 때는 두 과목의 평균을 생각해야 등수를 결정할 수 있습니다. 이렇게 2개의 점수가 있을 때 평균은 두 점수의 가운데 수로 나타냅니다.

가운데 수

가운데 수라는 것이 무엇인지 알아봅시다.

1과 3의 가운데에 있는 수는 무엇일까요?

__2입니다.

맞아요. 이때 2는 수직선에서 1과 3으로부터 같은 거리에 있습니다. 이렇게 두 수로부터 같은 거리에 있는 수를 가운데 수라고 부릅니다.

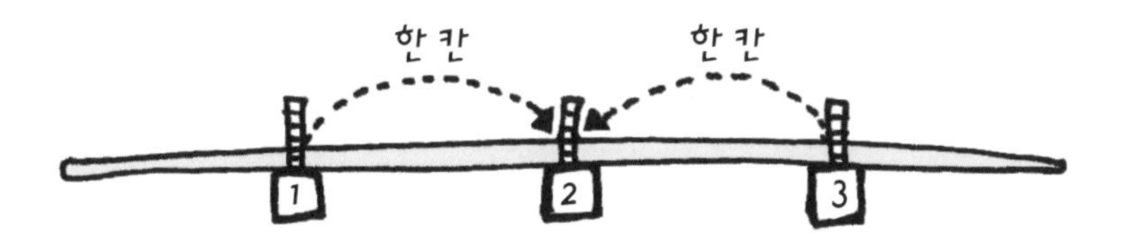

여기서 2는 어떻게 나왔는지 살펴봅시다. 두 수 1과 3을 더하면 얼마일까요?

__4입니다.

그 값을 2로 나눠 보세요.

__2입니다.

2가 나왔군요. 하지만 우연일 수 있으니까 다른 예를 들어 봅시다. 1과 5의 가운데 수는 얼마일까요?

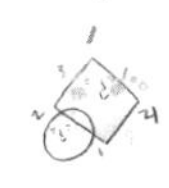

__3입니다.

그렇습니다. 3은 수직선에서 1과 5로부터 같은 거리에 있으므로 두 수의 가운데에 있는 수입니다.

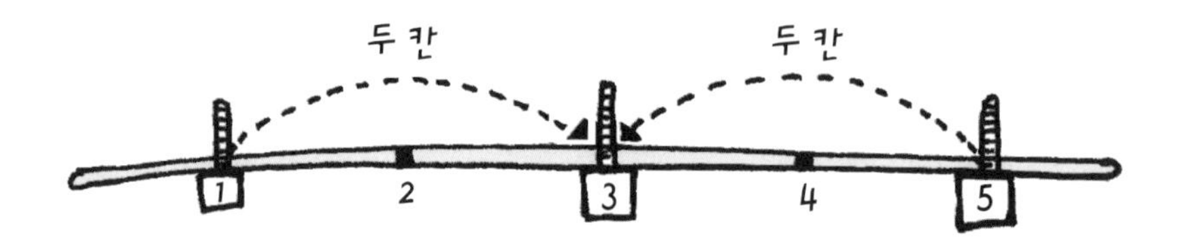

1과 5를 더하면 얼마일까요?

__6입니다.

그 수를 2로 나누면 얼마일까요?

__3입니다.

그렇습니다. 두 수의 가운데에 있는 수는 두 수를 더한 다음 2로 나누어 준 값입니다.

평균

두 수의 평균을 두 수의 가운데 수로 나타내기로 했습니다. 즉, 두 수의 평균은 두 수를 더한 다음 2로 나누어 준 값입니다.

앞의 예에서 미나와 철수의 평균을 구해 보겠습니다.

먼저 미나의 평균을 구해 보겠습니다. 미나의 두 점수를 더하면 160이고 이것을 2로 나누면 80이므로, 미나의 평균은 80점입니다.

이번에는 철수의 평균을 구해 봅시다. 철수의 두 점수를 더하면 170이고 이것을 2로 나누면 85이므로, 철수의 평균은 85점입니다.

철수의 평균이 더 높다는 것을 알 수 있습니다. 그러므로 철수가 미나보다 공부를 잘한다고 말할 수 있습니다.

세 수 이상의 평균

지금까지 두 수에 대한 평균을 배웠습니다. 이것은 다음의 2가지 방법으로 구할 수 있습니다.

두 수의 평균은 두 수의 가운데에 있는 수이다.

두 수의 평균은 두 수를 더해 2로 나눈 값이다.

세 수가 있을 때는 가운데에 있는 수를 나타낼 수 없습니다. 그러므로 두 번째 방법을 이용합니다. 즉, 세 수의 평균은 세 수를 모두 더한 다음 그것을 3으로 나누어 준 값이 됩니다.

예를 들어 보겠습니다. 철수가 한 학기 동안 3번의 수학 시험을 치렀는데 그 점수가 다음과 같습니다.

70점, 80점, 90점

이때 철수의 수학 점수의 평균은 세 점수의 합을 3으로 나누어 주면 됩니다.

세 점수를 더하면 몇 점일까요?

__240점입니다.

그 값을 3으로 나누면 얼마일까요?

__80점입니다.

그러므로 철수의 평균 점수는 80점입니다.

이렇게 여러 개의 점수가 있을 때의 평균은 점수의 합을 더한 다음 점수의 개수로 나눈 값으로 정의합니다.

평균 빨리 구하기

이제 여러 수의 평균을 빠르게 구하는 방법을 알아보겠습니다.

다음은 한 학생이 중간고사에서 받은 5개 과목의 점수를 나열한 것입니다.

68, 69, 70, 71, 77

이 점수들의 평균을 구해 봅시다. 물론 5개의 점수를 모두 더한 다음 그 값을 5로 나누면 평균이 나옵니다. 하지만 그렇게 계산하면 시간이 많이 걸릴 것입니다.

5개의 점수 가운데 가장 낮은 점수는 얼마일까요?

__68점입니다.

68점을 잘 기억해 두세요. 그리고 5개의 점수와 68과의 차를 적어 보세요.

0, 1, 2, 3, 9

이 다섯 수의 평균은 얼마일까요?

_3입니다.

이렇게 구해서 나온 3을 처음 기억해 두었던 68에 더하면 바로 평균이 됩니다. 그러므로 5개 점수의 평균은 71점이 됩니다.

만화로 본문 읽기

내가 시험을
더 잘 봤거든!
난 수학이
100점이라고!

선생님,
여기
계셨군요.
안녕하세요.
어서 와요.

잘됐다, 선생님께서
이 문제를 해결해 주세요.
어떤 일 때문에
그러죠?

저는 수학을 90점, 과학을 80점 받았어요.
저는 수학을 100점, 과학을 60점 받았어요. 하지만 수학을 100점 맞았으니깐 제가 더 잘했죠?
수학 90
과학 80
수학 100
과학 60

아니에요. 과학을 제가 더 잘 봤으니깐 제가 더 잘한 거죠?
두 과목의 평균을 생각해야 합니다. 2개의 점수가 있을 때 평균은 두 점수의 가운데 점수로 나타냅니다.

수직선에서 살펴보면 두 수의 평균은 두 수의 가운데 수로 나타냅니다. 즉, 두 수의 평균은 두 수를 더한 다음 2로 나누어 준 값입니다.
한 칸
한 칸
1
2
3

미나의 두 점수의 합은 160이고 2로 나눈 평균은 80점입니다. 철수는 두 점수의 합이 170이고 이것을 2로 나누면 평균은 85점입니다. 철수의 평균이 더 높군요.
그것 봐, 내가 더 높지?
다음에는
내가 더 잘할 거야.

여섯 번째 수업 6

점수의 흩어짐

점수들이 흩어져 있는 경우도 있고 모여 있는 경우도 있습니다.
점수의 흩어짐에 대해 알아봅시다.

6

여섯 번째 수업

점수의 흩어짐

교.	초등 수학 5-2	7. 자료의 표현
과.	중등 수학 3-2	Ⅰ. 상관관계
연.	고등 미적분과 통계 기본	Ⅴ. 통계
계.		

피셔는 점수의 흩어짐을 알려 줄 수 있는 방법을 생각하면서 네 번째 수업을 시작했다.

오늘은 점수의 흩어짐에 대해 알아보겠습니다. 점수의 흩어짐을 알아본다는 것은 점수들이 평균 주위에 몰려 있는지 그렇지 않은지를 조사하는 것입니다.

예를 들어 보겠습니다. 똑같이 5명으로 구성된 A, B반이 있습니다.

두 반 학생들의 수학 점수는 다음과 같습니다.

A반 : 0, 10, 50, 90, 100

B반 : 40, 45, 50, 55, 60

우선 두 반의 평균을 구해 보겠습니다.

A반 점수의 합은 250입니다. 이것을 5로 나누면 50이 되므로 A반의 평균은 50점입니다.

같은 방법으로 B반의 평균도 구할 수 있습니다. B반 점수의 합은 250이고, 이것을 5로 나누면 50이 됩니다. 그러므로 B반의 평균은 50점입니다. A반, B반 모두 똑같이 50점으로 나왔습니다.

그렇다면 선생님이 A반, B반을 가르치기 편함에 차이가 있을까요? A반 학생들의 점수를 그래프로 나타내 봅시다.

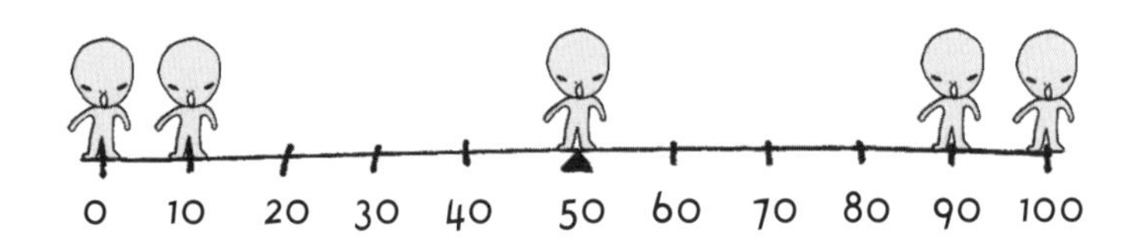

학생들의 점수가 평균에서 먼 곳에 있음을 알 수 있습니다.

이번에는 B반 학생들의 점수를 그래프로 나타내 봅시다.

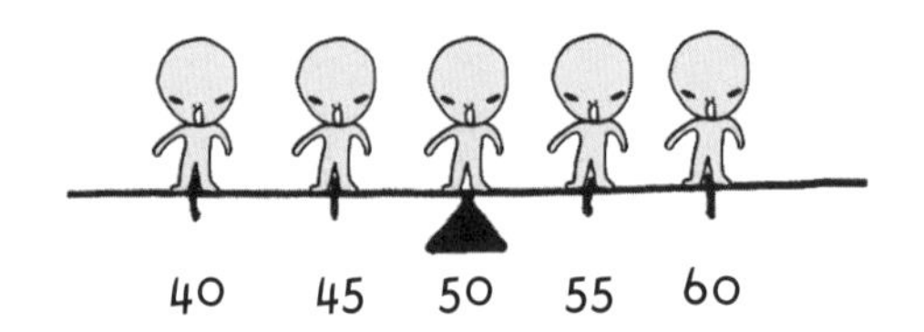

학생들의 점수가 평균 주위에 몰려 있습니다. 그러므로 A반과 B반 학생들이 평균은 같지만 점수가 평균 주위에 흩어져 있는 정도가 다릅니다.

A반은 점수들이 많이 흩어져 있고 B반은 평균 주위에 몰려 있습니다.

그러므로 선생님들이 가르치기 편한 반은 학생들의 점수가 비슷한 B반입니다. 반대로 A반은 선생님이 가르치기 아주 힘든 반입니다.

0점, 10점 학생들을 위해 쉽게 가르치면 90점, 100점인 학생들이 지루해하고 반대로 90점, 100점인 학생들을 위해 어려운 문제를 풀어 주면 0점, 10점인 학생들이 이해하지 못하기 때문입니다.

이렇게 같은 평균을 가진 경우라도 평균 주변에 모여 있는지, 또는 퍼져 있는지를 따지는 것이 필요합니다.

또 다른 예를 살펴봅시다.

신지와 종민이가 활을 쏘았습니다. 신지는 9점짜리에 3발을 맞혔고 종민이는 10점, 9점, 8점에 1발씩을 쏘았습니다.

신지는 3발 모두 9점을 맞혀서 평균 점수는 9점이 됩니다. 종민이는 10점, 9점, 8점을 쏘았으므로 평균 점수는 9점입니다.

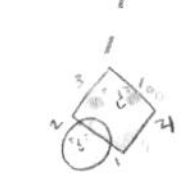

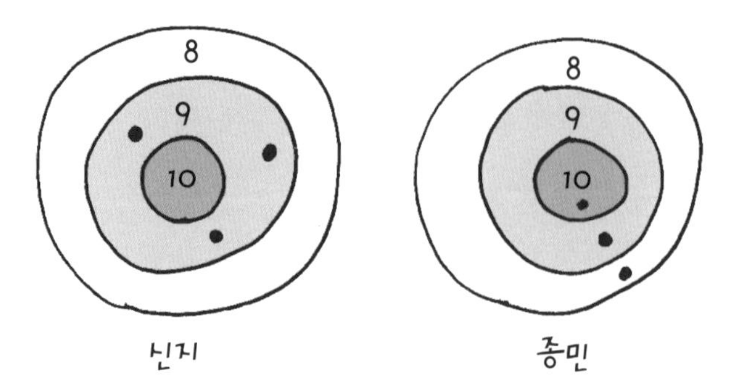

따라서 두 사람의 평균 점수는 같습니다. 하지만 신지는 점수가 모두 9점이고 종민이는 제각각입니다. 즉, 신지의 점수들은 흩어져 있지 않고 종민이의 점수들은 흩어져 있습니다.

만화로 본문 읽기

선생님, 오늘 시험이 모두 끝났어요.
아, 그래요? 누가 더 잘했나요?
서로 평균이 50점으로 같아요.

그럼 점수의 흩어짐을 봐야겠네요.
점수의 흩어짐이요?
?
?

서로의 점수를 이 그래프에 표시해 보세요.
네.

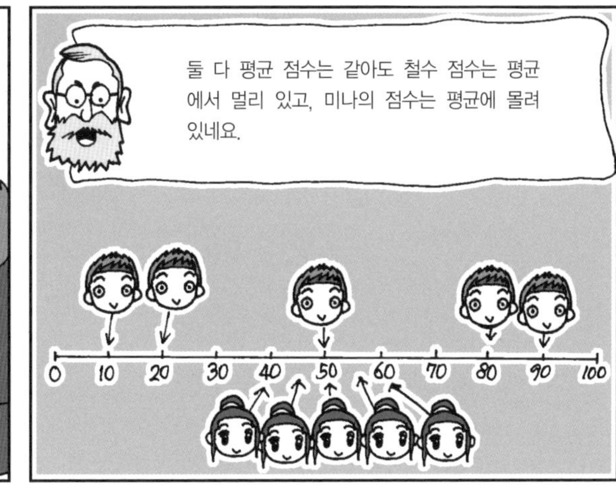
둘 다 평균 점수는 같아도 철수 점수는 평균에서 멀리 있고, 미나의 점수는 평균에 몰려 있네요.
0 10 20 30 40 50 60 70 80 90 100

이렇게 점수의 흩어짐을 알아본다는 것은 점수들이 평균 주위에 몰려 있는지 그렇지 않은지를 조사하는 것입니다.
0 10 20 30 40 50 60 70 80 90 100

철수처럼 점수가 흩어져 있는 것보다 미나처럼 점수가 평균 주변에 모여 있는 것이 다음 번 시험에서 성적이 잘 나올 가능성이 많겠지요?
아, 그렇군요.

일곱 번째 수업

7

두 자료 사이의 관계

자료들 사이에 어떤 관계가 있을까요?
두 자료 사이의 관계를 알아봅시다.

7

일곱 번째 수업

두 자료 사이의 관계

교과연계		
	초등 수학 3-2	7. 자료 정리
	초등 수학 5-2	7. 자료의 표현
	중등 수학 3-2	Ⅰ. 상관관계

피셔는 두 자료 사이의 관계도 통계로 설명할 수 있다며 일곱 번째 수업을 시작했다.

오늘은 서로 다른 2개의 자료 사이의 관계에 대해 알아보겠습니다.

관계가 있는 두 자료

어떤 자료의 값이 커질 때 다른 자료의 값이 커지거나 줄어들면 두 자료 사이에는 서로 관계가 있다고 합니다.

다음 자료를 보겠습니다. 이것은 우리 반 학생들의 수학 점

이 름	수학 점수(점)	과학 점수(점)
강민구	40	50
이하늘	70	80
유아름	50	60
최강타	60	70
이보배	80	90

수와 과학 점수를 조사한 것입니다.

표를 보면 수학 점수가 높은 아이가 과학 점수도 높다는 것을 알 수 있습니다.

이것을 가로축을 수학 점수, 세로축을 과학 점수로 하여 다음과 같이 그래프로 나타내 봅시다.

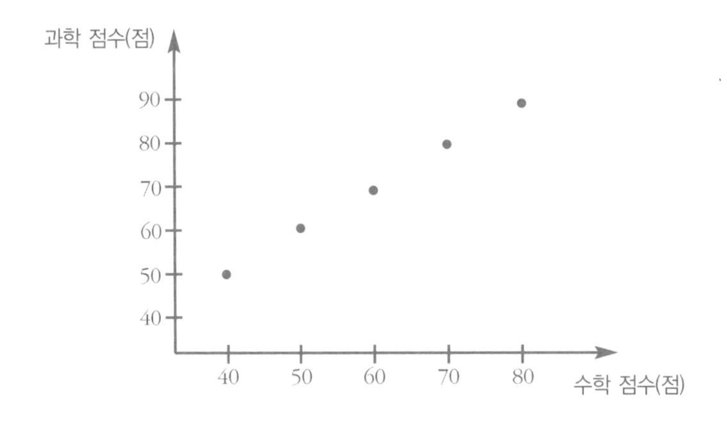

그래프는 비스듬히 위로 올라가는 모양을 하고 있습니다.

그러므로 이 경우는 수학 점수가 올라가면 과학 점수도 올라가는 관계를 가지고 있습니다.

이번에는 반대의 관계가 되는 예를 들어 보겠습니다.

아이스크림의 값이 오르면 아이스크림은 덜 팔립니다. 이것은 바로 반대의 관계를 가지는 대표적인 예입니다.

다음 자료를 봅시다.

아이스크림 가격(원)	판매량(개)
50	8
60	6
70	4
80	2

이것은 어떤 가게에서 아이스크림의 가격과 판매량을 조사한 자료입니다.

가로를 아이스크림 가격, 세로를 판매량으로 하여 그래프를 그리면 다음 페이지의 그래프와 같습니다.

즉, 비스듬히 아래로 내려가는 모양을 하고 있습니다. 그러므로 이 경우는 아이스크림 값이 올라가면 판매량이 줄어드는 관계를 가지고 있습니다.

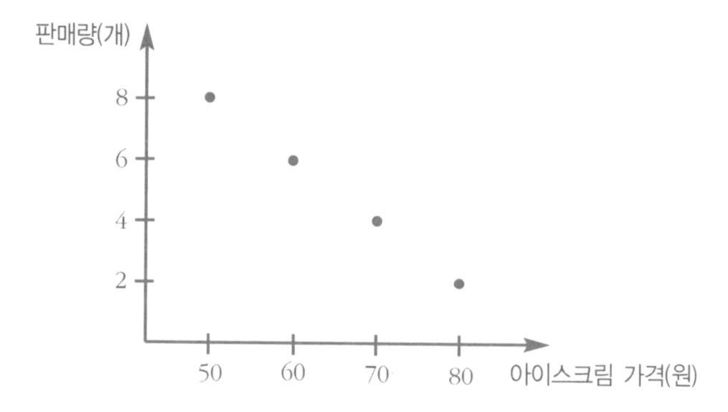

이렇게 두 자료가 반대의 관계를 가질 때는 그래프의 모양이 비스듬히 내려가는 모습이 됩니다.

관계가 없는 두 자료

이번에는 두 자료 사이에 아무 관계가 없는 예를 들어 보겠습니다.

다음 자료는 우리 반 학생들의 생일이 있는 달과 각 학생의 수학 점수를 나타낸 것입니다.

생일이 있는 달(월)	수학 점수(점)
1	30
2	70
3	20
4	100
5	80
6	60
7	40
8	80
9	20
10	70
11	50
12	90

이 표를 가지고 가로축을 생일이 있는 달로 세로축을 수학 점수로 하여 그래프를 그리면 다음 페이지의 그래프와 같습니다.

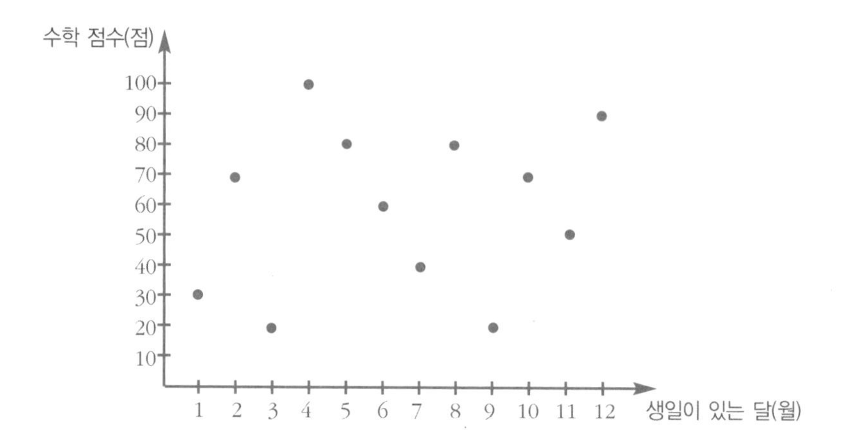

이 그래프는 위로 비스듬하게 올라가는 모양도, 아래로 비스듬히 내려가는 모양도 아닙니다. 그러므로 두 자료 사이에는 관계가 없습니다. 즉, 생일이 있는 달과 수학 점수 사이에는 아무 관계가 없음을 알 수 있습니다.

수학자의 비밀노트

상관관계

두 변량(변화하는 양) 중 한 쪽이 증가함에 따라, 다른 한 쪽이 증가 또는 감소할 때 두 변량 관계를 말한다. 증가할 때를 양의 상관관계, 감소할 때를 음의 상관관계라고 한다. 이것을 그래프로 나타낸 것을 상관도라고 하는데 자료들이 직선(가로, 세로 제외)에 가깝게 분포되어 있을 때 강한 상관관계가 있다고 한다.

1. 양의 상관관계(예: 핸드폰 통화량과 요금)

①강한 경우 ②약한 경우

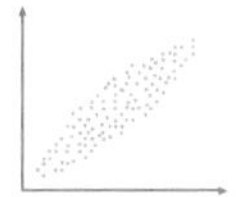

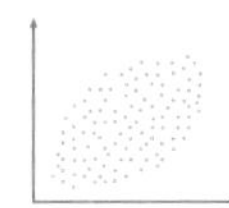

2. 음의 상관관계(예: 온도와 부패도)

①강한 경우 ②약한 경우

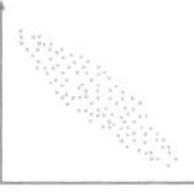

3. 상관관계가 없는 경우

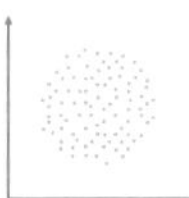

여덟 번째 수업

8

동전 던지기 게임

동전 2개를 동시에 던지면 앞면이 몇 개 나올까요?
기댓값에 대해 알아봅시다.

8

여덟 번째 수업

동전 던지기 게임

교과 연계		
	초등 수학 3-2	7. 자료 정리
	초등 수학 5-2	7. 자료의 표현

피셔는 동전을 던지고 받는 동작을 여러 번 반복하더니 여덟 번째 수업을 시작했다.

동전을 던지면 어떤 일들이 벌어질까요? 동전을 던지면 동전의 앞면이 나올 경우의 수는 얼마나 될까요?

피셔는 동전을 던졌다.

동전의 앞면이 나왔습니다.

피셔는 다시 동전을 던졌다.

이번에는 동전의 뒷면이 나왔습니다.

동전을 던지면 앞면이 나오거나 뒷면이 나옵니다. 그 밖의 경우는 일어나지 않습니다. 여러분이 동전의 앞면이 나오기를 원한다고 가정해 봅시다. 그렇다고 여러분이 던질 때마다 동전의 앞면이 나올 수는 없습니다. 던진 동전의 어느 면이 나올지는 아무도 모르는 일이기 때문입니다. 하지만 분명한 것은 다음 2가지 경우 중 1가지가 일어난다는 것입니다.

동전의 앞면이 나온다.

동전의 뒷면이 나온다.

즉, 나올 수 있는 앞면의 개수는 0개 또는 1개입니다. 앞면이 0번 나오는 경우는 뒷면이 나오는 경우이고, 앞면이 1개 나오는 경우는 앞면이 나온 경우입니다.

그러므로 다음과 같이 나타낼 수 있습니다.

앞면이 0번 나오는 경우 : 1가지

앞면이 1번 나오는 경우 : 1가지

이것을 표로 만들면 다음과 같습니다.

앞면의 개수(개)	0	1
나오는 경우의 수(가지)	1	1

그렇다면 동전 하나를 던졌을 때 앞면이 몇 번 나온다고 기대할 수 있을까요?

이것은 앞면의 개수에 대한 평균을 구하면 됩니다. 나오는 경우의 수는 모두 2가지이고 앞면의 개수는 0개 또는 1개입니다. 그러므로 0과 1의 평균을 구하면 됩니다.

0과 1을 더하면 1이고 그것을 2로 나누면 0.5가 되므로 앞면의 개수의 평균은 0.5가 됩니다. 즉 앞면이 0.5번 나올 것이라고 기대할 수 있습니다.

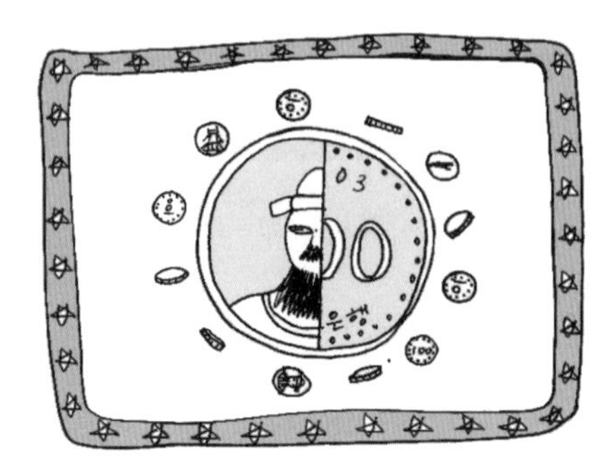

물론 이것은 기대할 수 있는 값이지 실제로 일어나는 일은 아닙니다. 동전의 앞면이 0.5번 나타나는 일은 없기 때문입니다. 이처럼 기대할 수 있는 값은 일어나는 값과 다를 수도 있습니다.

신지가 게임을 한다고 가정해 봅시다. 동전 하나를 던져 앞이 나오면 신지가 10원을 받고, 뒤가 나오면 돈을 받지 않는다고 규칙으로요. 그렇다면 이 게임을 하기 위해 신지가 참가비를 얼마 내야 공평할까요?

우선 참가비를 내지 않는 경우를 생각해 봅시다

피셔는 신지에게 동전을 던지게 했다. 앞면이 나왔다. 피셔는 신지에게 10원을 주었다.

신지가 10원을 벌었군요.

피셔는 신지에게 동전을 던지게 했다. 이번에는 뒷면이 나왔다. 피셔는 신지에게 돈을 주지 않았다.

이번에는 신지가 돈을 벌지 못했습니다.

잠깐, 이상하군요. 신지는 앞면이 나오면 돈을 벌고 뒷면이 나오면 그대로이니까 이 게임을 계속하면 신지는 무조건 돈을 벌게 됩니다. 그리고 나는 무조건 돈을 잃게 될 것입니다.

그렇다면 누가 신지와 이런 경기를 하려고 할까요? 이렇게 한 사람은 무조건 벌기만 하고 다른 한 사람은 무조건 잃기만 하는 게임은 공평하지 못한 게임입니다.

어떻게 하면 이 게임을 공평하게 할 수 있을까요? 공평한 게임이 되기 위해서는 신지가 벌 수 있다고 기대하는 돈만큼을 참가비로 내야 합니다.

신지가 벌 것으로 기대하는 돈은 어떻게 구할까요?

신지가 버는 돈은 다음과 같습니다.

앞면이 0번 나옴 : 0원

앞면이 1번 나옴 : 10원

이것을 표로 만들면 다음과 같습니다.

앞면의 개수(개)	0	1
신지가 버는 돈(원)	0	10

신지는 이 게임에서 0원 또는 10원을 벌 수 있습니다. 따라서 신지가 벌 수 있다고 기대하는 돈은 0원과 10원의 평균입니다. 그러므로 신지가 한 게임을 하면 5원을 벌 것으로 기대할 수 있습니다. 따라서 신지는 한 게임을 할 때마다 나에게 5원을 내야 합니다.

신지가 참가비를 5원 내고 게임을 한다고 생각해 봅시다.

신지는 피셔에게 5원을 내고 동전을 던졌다. 앞면이 나왔다. 피셔는 신지에게 10원을 주었다.

신지는 5원을 벌었고 나는 5원을 잃었습니다.

신지는 다시 5원을 내고 동전을 던졌다. 이번에는 뒷면이 나왔다.

이번에는 신지가 5원을 잃고 나는 5원을 벌었습니다.

이렇게 신지가 벌 것으로 기대하는 돈을 참가비로 내고 게임을 하면 두 사람에게 공평한 게임이 이루어집니다. 하지만 계속 앞면만 나온다든가 계속 뒷면만 나오는 일이 생기면 둘 가운데 한 사람이 돈을 벌게 됩니다. 이것이 바로 게임을 통해 돈을 잃기도 하고 벌기도 하는 이유입니다.

만일 이 게임에서 앞면이 나올 경우 신지가 100원을 받는다면 참가비는 얼마가 되어야 할까요? 동전의 앞면이 나오면 신지는 100원을 받고 뒷면이 나오면 0원을 받게 됩니다. 100과 0의 평균은 50이므로 신지가 벌 수 있을 것으로 기대하는 돈은 50원입니다. 그러므로 신지는 한 게임에 50원씩 참가비로 내야 합니다.

만화로 본문 읽기

앞면의 수(개)	0	1
참가자가 버는 돈(원)	0	10

마 지 막 수 업 9

OX 문제

OX 문제가 여러 개 출제되었어요.
아무렇게나 찍었을 때 몇 점을 기대할 수 있을까요?

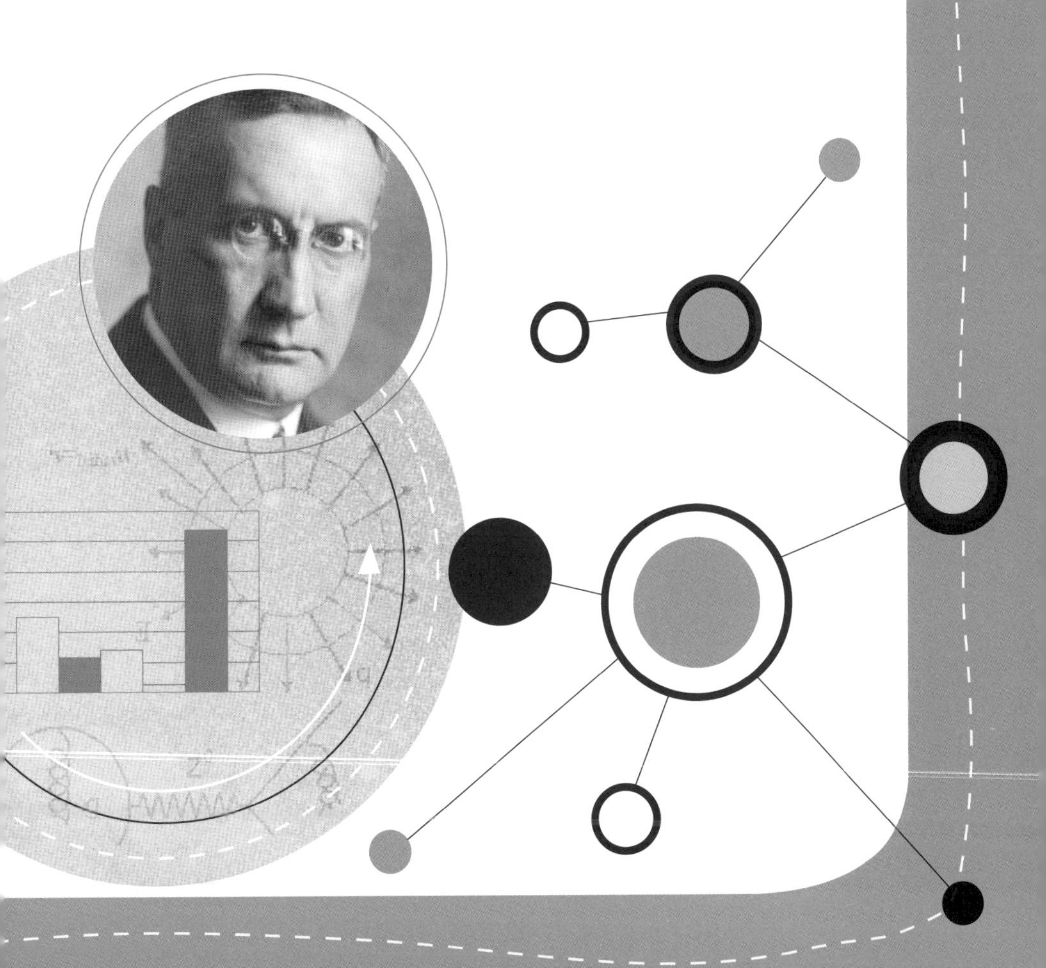

9

마지막 수업

OX 문제

교. 과. 연. 계.

초등 수학 3-2 7. 자료 정리

초등 수학 5-2 7. 자료의 표현

피셔의 마지막 수업은 OX 문제에 대한 통계를 알아보는 것이었다.

OX 문제는 O 또는 X를 적습니다. 그리고 답은 O 또는 X 둘 중 하나가 됩니다.

OX 문제가 1문제 출제되었다고 생각해 봅시다. 이 문제의 정답은 O라고 합시다. 그러니까 O를 적으면 1점이 되고 X를 적으면 0점이 되겠지요?

그런데 신지가 이 문제를 풀지 않고 답을 아무렇게나 쓸 경우 신지의 기대 점수는 몇 점이 될까요?

이때 신지가 만들 수 있는 답안지를 모두 생각해보면 다음과 같은 2가지가 있습니다.

신지가 O를 적으면 1점, X를 적으면 0점이 됩니다. 그러므로 신지가 얻을 수 있는 점수는 0점 또는 1점입니다. 따라서 신지의 기대 점수는 0점과 1점의 평균인 0.5점이 됩니다.

2개의 OX 문제

이번에는 2문제가 출제되었다고 생각해 봅시다. 물론 이때도 신지가 답을 아무렇게나 적는다고 가정하면 신지의 기대 점수는 몇 점일까요?

신지가 낼 수 있는 답안지는 다음 4가지 경우 가운데 하나입니다.

두 문제의 정답이 모두 O라고 하면 다음과 같이 4가지 경우 가운데 하나가 됩니다.

신지가 얻을 수 있는 점수는 2점, 1점, 1점, 0점의 4가지입니다. 그러므로 신지의 기대 점수는 이 네 점수의 평균이 됩니다. 네 점수의 평균은 1점으로 신지의 기대 점수는 1점입니다.

3개의 OX 문제

이번에는 3개의 OX 문제가 출제되었습니다. 신지가 답을 몰라 아무렇게나 찍었을 때 나올 수 있는 점수는 0점, 1점, 2

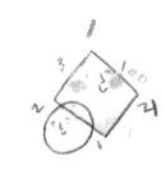

점, 3점입니다.

세 문제의 정답이 모두 O라고 할 경우 모두 틀리는 경우는 다음과 같이 1가지입니다.

한 문제를 맞히는 경우는 다음과 같이 3가지입니다.

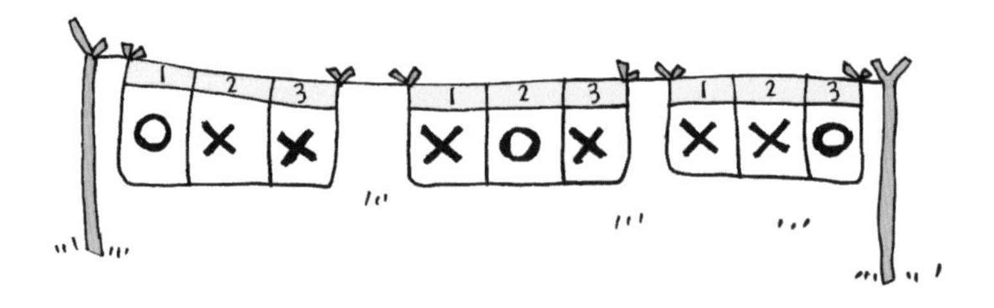

두 문제를 맞히는 경우는 다음과 같이 3가지입니다.

세 문제를 모두 맞히는 경우는 다음과 같이 1가지입니다.

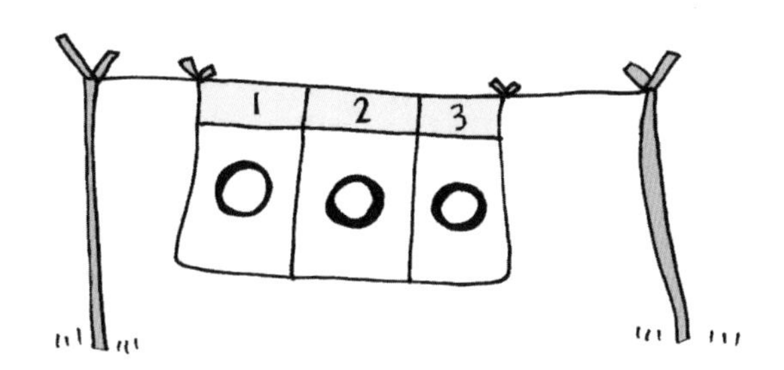

따라서 모두 8가지 경우가 생깁니다.

그러므로 신지가 얻을 수 있는 점수는 0점, 1점, 1점, 1점, 2점, 2점, 2점, 3점의 8가지 경우입니다. 따라서 신지의 기대 점수는 이 점수들의 평균인 1.5점이 됩니다.

지금까지 얘기한 내용을 정리해 봅시다. 문제 수에 따라 신지의 기대 점수가 달라졌음을 알 수 있습니다. 즉, 문제 수가 늘어날수록 신지의 기대 점수가 높아졌습니다.

문제 수와 신지의 기대 점수를 나열해 봅시다.

문제 수(개)	기대 점수(점)
1	0.5
2	1
3	1.5

기대 점수는 문제 수의 절반이 되었습니다. 그렇습니다. OX 문제는 아무렇게나 답을 적어도 절반의 문제를 맞힐 것으로 기대할 수 있습니다.

만화로 본문 읽기

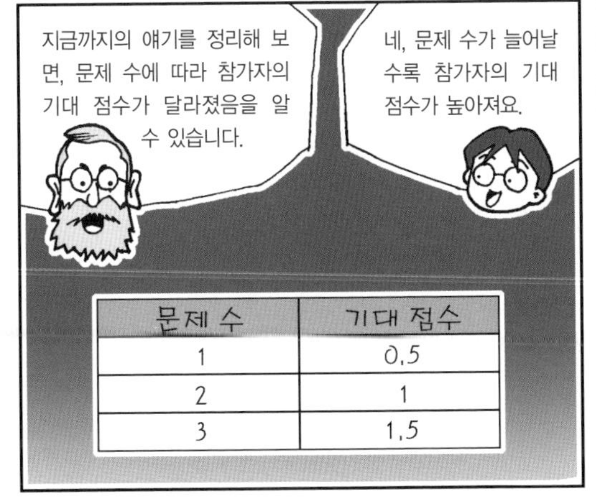

문제 수	기대 점수
1	0.5
2	1
3	1.5

부 록

천재 소녀 로라 이야기

이 글은 저자가 창작한 동화입니다.

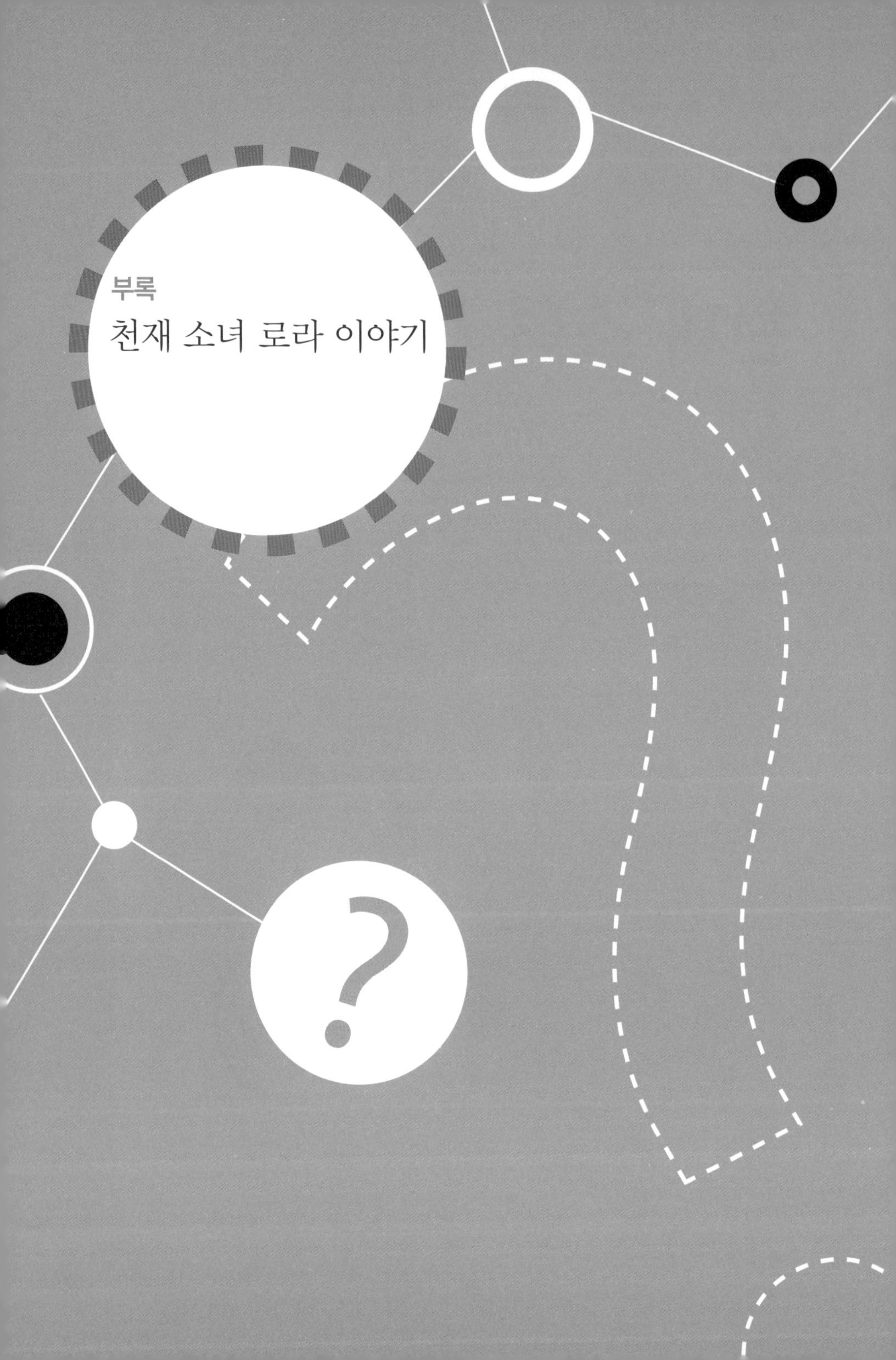

부록

천재 소녀 로라 이야기

스태틱 마을에는 천재 수학 소녀 로라가 살고 있습니다.

로라는 12살 난 소녀입니다. 로라는 어릴 때 부모님을 잃고 자신을 친딸처럼 사랑하는 웰스 아저씨와 함께 살고 있습니다.

내일은 수학 시험이 있는 날입니다.

"이번 시험 범위는 너무 많아. 그동안 새로운 수학 연구 때문에 시험 공부를 소홀히 한 것 같아. 어떡하지?"

열심히 책을 들춰 보던 로라가 중얼거렸습니다.

그때 초인종이 울렸습니다.

"누구지?"

로라는 현관으로 나갔습니다.

"로라! 나야."

로라의 남자 친구 에디였습니다.

에디는 로라와는 반대로 학급에서 수학을 가장 못하는 소년입니다. 하지만 로라는 에디의 착한 마음에 끌려 그를 좋아합니다.

"에디, 무슨 일이야?"

"로라 선생님! 수학 좀 가르쳐 주세요."

에디가 장난기 섞인 목소리로 말했습니다.

"에디! 웬 높임말? 그리고 선생님은 또 뭐야?"

"로라, 너는 수학에 대해 모르는 게 없잖아? 그러니까 선생님이지."

"네게 선생님 소리 듣는 게 싫진 않은데……."

로라가 방긋 웃으며 말했습니다.

수학을 못하는 에디는 시험에 나올 만한 문제를 로라에게 찍어 달라는 부탁을 하기 위해 왔습니다. 로라도 에디가 왜 자신을 찾아왔는지 알고 있습니다. 수학 시험 전날만 되면 항상 에디가 찾아왔기 때문입니다.

"이것 좀 먹어 가면서 하거라."

웰스 아저씨가 맛있게 구운 파이를 가지고 오셨습니다. 두 사람은 파이를 먹으면서 열심히 시험 공부를 했습니다.

"드르렁, 드르렁."

어디서 코 고는 소리가 들려왔습니다.

수학책의 첫 장을 미처 넘기기도 전에 에디가 잠이 든 것입니다.

'케톨스 선생님이 이번 시험은 어렵게 내신다고 했어. 그러면 어떤 문제가 나올까?'

로라는 밤이 새는 줄도 모르고 시험 공부에 열중했습니다. 어느 틈엔가 해가 다시 떠올랐습니다.

다음 날 아침 로라와 에디는 학교로 갔습니다.

로라는 밤을 새워서인지 졸린 눈을 비비며 힘들게 시험을 치렀습니다.

시험 문제는 평소와는 다르게 무척 어려운 OX 문제였습니다. 문제는 모두 4문제가 출제되었습니다. 하지만 수학 천재인 로라는 1번 문제를 풀고는 졸음을 참지 못해 그만 깜빡 잠이 들어 버렸습니다.

수업을 마치는 종소리와 함께 시험이 끝났습니다.

"모두 답안지를 내세요."

케톨스 선생님의 말에 잠에서 깬 로라는 깜짝 놀랐습니다.

답안지에는 1번 문제에만 O 표시가 있고 2, 3, 4번 문제의 답은 비어 있었습니다. 종소리가 울린 뒤에는 답을 쓸 수가 없기 때문에 로라는 어쩔 수 없이 한 문제만을 푼 답안지를 제출했습니다.

시험이 끝나자 로라는 울면서 학교를 뛰쳐나갔습니다.

“로라! 왜 그래?”

에디가 로라를 뒤쫓아갔지만 놓치고 말았습니다.

다음 날 선생님이 시험 점수를 발표했습니다. 로라는 4문제 가운데 한 문제를 맞혀 25점을 받았습니다. 그러나 모든 답을 O로 적은 에디는 운이 좋게 2문제를 맞혀 50점이었습니다.

“우아! 내가 로라보다 점수가 높다니…….”

에디는 믿기지 않는 듯 연신 수학 시험지와 로라를 번갈아 보면서 즐거워했습니다. 그런 에디의 행동에 로라는 더욱 화가 났습니다.

"선생님! 이번 수학 시험의 채점 방식은 불공평해요."

로라가 자리에서 벌떡 일어나서 선생님께 말했습니다.

"무슨 소리니, 로라? 너는 4개 중에 하나만 맞혔으니까 25점이 맞잖아!"

로라의 말을 들은 선생님이 안경을 만지작거리며 고개를 갸우뚱거렸습니다.

"선생님, OX 문제는 답이 O 또는 X잖아요. 그러니까 아무렇게나 답을 적어도 절반은 맞힐 수 있어요. 이번 시험은 OX 문제가 4문제이니까 이 시험에서 아무렇게나 적었을 때 맞힐 수 있는 문제 수의 기댓값은 4문제의 반인 2문제예요. 즉, 이번 문제의 정답이 O가 2개, X가 2개이니까 모든 답을 O로 체크하거나 X로 체크한 아이들은 정확하게 2문제를 맞힐 수 있어요. 저는 1문제만 정답을 썼지만 문제를 풀어서 맞힌 것이지 찍어서 맞힌 건 아니에요. 그러니까 4문제 중 1문제를 정확히 알고 있는 사람이 아무렇게나 찍어 2문제를 맞힌 아이보다 점수가 적게 나오는 것은 불공평해요."

로라는 논리적으로 OX 문제의 문제점을 지적했습니다.

"로라의 말에 일리가 있어. 그럼 어떻게 하면 공평하지?"

선생님의 귀가 솔깃해졌습니다.

그러자 갑자기 에디의 얼굴 표정이 일그러졌습니다. 에디는 4문제를 모두 찍어서 맞혔기 때문입니다.

그때 로라가 목에 힘을 주며 말했습니다.

"선생님! 음수를 사용하면 돼요. OX 문제는 운으로 맞힐 확률이 너무 높으니까, 답을 적고 그것이 맞으면 25점을 주고, 답을 적었는데 틀리면 25점을 깎아야 해요. 그리고 잘 몰라서 그냥 답을 쓰지 않으면 0점으로 하면 돼요. 이렇게 하면 아무렇게나 썼을 때 점수의 기댓값이 0점이 되거든요. 아무렇게나 OX를 체크한 사람이나 아무것도 쓰지 않고 백지로 낸 사람이나 다를 게 없잖아요? 그러니까 두 사람 모두 0점이 나오도록 해야 해요."

선생님은 로라의 말을 조용히 듣고 있었습니다.

"로라의 말이 옳은 것 같구나. 자! 로라의 말대로 다시 채점할 테니 모두 답안지를 제출하도록 해요."

선생님이 답안지를 모두 걷어 로라의 방법대로 다시 채점을 했습니다. 그러자 로라는 그대로 25점이었고 에디는 2문제를 맞고 2문제가 틀린 것이므로 0점이 됐습니다.

"에이! 좋다가 말았어."

에디가 낮아진 수학 점수에 실망한 듯 입을 삐죽거렸습니다. 하지만 그렇다고 로라를 원망하지는 않았습니다.

그러던 어느 날 스태틱 마을에 낯선 사람이 나타났습니다. 에로라는 이름의 청년은 이 마을, 저 마을을 돌아다니며 복권을 팔았습니다.

"자! 운이 좋으면 큰돈을 벌 수 있는 대박 복권이 왔습니다. 모두 모이세요."

에로는 마을 공터에서 사람들을 모았습니다. 순진한 스태틱 마을 주민들은 돈을 벌 수 있다는 말에 혹해 너나없이 마을 공터로 몰려들었습니다.

한편 로라와 에디는 마을 벤치에 앉아서 책을 읽고 있었습니다. 그때 누군가 큰 소리로 우는 소리가 들렸습니다. 제리 아저씨였습니다.

"아저씨! 왜 우세요?"

로라가 아저씨에게 물었습니다.

"그동안 번 돈을 모두 날렸어."

아저씨는 바닥에 주저앉아 통곡을 했습니다.

"도둑맞으신 거예요?"

"아니야. 에로라는 사람이 대박 복권을 사면 돈을 벌 수 있다는 말에 하루 종일 복권 게임을 했는데 그만……."

아저씨는 더 이상 말을 잇지 못했습니다.

제리 아저씨의 말을 들은 로라와 에디는 에로가 복권을 파는 곳으로 달려갔습니다. 복권 게임은 10장의 카드에서 1장을 뽑는 방식이었습니다. 그런데 10장 중에 1등은 1장이고 당첨금은 1,000원, 2등은 2장이고 당첨금은 500원, 나머지 7장은 모두 꽝이었습니다.

"아저씨! 한 게임을 하려면 얼마를 내야 하나요?"

로라가 물었습니다.

"어린이들은 안 돼."

광

에로가 귀찮다는 듯 말했습니다.

로라는 다른 사람들이 게임하는 모습을 보고 한 게임당 500원이라는 것을 알아냈습니다. 그리고 머릿속으로 열심히 계산한 뒤 말했습니다.

"아저씨! 이건 사기예요."

"무슨 소리를 하는 거야?"

에로가 로라를 노려보았습니다.

"상금 액수에 비해 한 게임 비용이 너무 커요."

"무슨 소리야. 이건 수학적으로 옳게 계산한 거야."

에로는 로라에게 화를 내며 잘라 말했습니다.

"어떻게 계산한 거죠?"

로라는 에로가 화를 내는 데도 기죽지 않고 눈을 크게 뜨고 다시 물었습니다.

"1등은 1,000원, 2등은 500원, 3등은 0원이지? 1,000원, 500원, 0원의 평균을 내면 500원이잖아? 그러니까 500원을 내고 한 게임을 하면 맞잖아."

에로는 이렇게 말하면서 자신의 수학 실력을 뽐냈습니다. 하지만 로라는 뭔가 맞지 않는다는 생각이 들었습니다.

'왜 평균을 낸 값을 한 게임의 비용으로 결정할까……?'

"그런 수학이 어디 있어요? 이건 기댓값을 이용해야 해요."

로라가 당차게 따지고 들었습니다.

"기댓값! 그게 뭐지?"

"모든 복권의 값은 기댓값의 2배가 되어야 해요."

"그건 왜 그렇지?"

에로가 이해가 되지 않는다는 듯 로라에게 질문했습니다.

그러자 로라가 갑자기 동전을 던졌습니다.

"동전을 던지면 앞면 또는 뒷면이 나와요. 그 이외의 경우는 없지요. 제가 동전으로 게임을 한다고 생각해 봐요. 앞면이 나오면 100원을 준다고 할 때, 게임 비용을 얼마로 해야 할까요?"

로라의 질문에 답을 구하지 못한 에로는 할 말을 잃고 서 있었습니다.

"하나의 동전을 던질 때 기댓값은 50원이에요. 이렇게 기댓값은 한 게임당 내야 하는 비용의 절반이 되어야 하죠."

로라가 알아듣기 쉽게 설명했습니다.

"로라! 하지만 이 게임은 동전 던지기보다는 복잡하잖아. 그런데 기댓값을 계산할 수 있어?"

로라의 설명을 잠자코 듣고 있던 에디가 로라에게 질문했습니다.

"그건 간단해. 전체 카드가 10장이지? 그리고 당첨 상금은 1,000원, 500원, 나머지 7가지 경우는 당첨금이 0원이잖아. 이때 당첨금의 평균을 구하면 그게 바로 기댓값이 될 거야. 전체 당첨 상금은 2,000원이니까 이것을 10으로 나누면 200원이 되거든. 그러니까 이 게임의 기대 금액은 200원이고, 게임을 1번 할 때 내는 비용은 기대 금액의 2배인 400원이 되어야 해. 만일 이 돈보다 많이 받으면 공평하지 않으니까 경기는 무효가 되어야 하지."

로라가 빙그레 웃으며 설명했습니다.

잠시 뒤 마을의 보안관 아저씨가 에로를 잡아갔습니다. 사행심을 조장하는 게임을 했기 때문입니다. 에로는 그동안 딴

돈을 모두 돌려주고 마을을 떠났습니다. 이 사건으로 마을 사람들은 천재 소녀 로라를 더욱 사랑하게 되었습니다.

이렇게 로라의 활약이 계속되던 어느 날이었습니다.

"로라! 응원 가야지."

에디가 로라를 깨웠습니다.

오늘은 같은 반 친구인 미나가 10m 다이빙 결승전에 출전하는 날입니다. 이 경기에서 이기면 미나는 어린이 올림픽에 출전할 수 있는 자격을 얻게 되는 아주 중요한 경기입니다.

모두 미나를 응원하기 위해 스태틱 실내 수영장으로 갔습

니다.

수영장은 응원 나온 사람들로 많이 붐볐습니다. 로라와 에디는 같은 반 친구들과 함께 관중석에 앉아 있었습니다.

"와! 저 높은 곳에서 뛰어내린다고?"

에디가 다이빙대를 올려다보며 말했습니다.

"10m가 사람이 가장 공포심을 느끼는 높이래. 하지만 미나는 어린이 올림픽에 나가 금메달을 따는 게 꿈이니까 잘 해낼 거야."

아이들은 모두 다이빙대를 올려다보며 미나가 나오기만을 기다렸습니다.

"지금부터 어린이 올림픽 다이빙 대표를 뽑는 결승전을 시작하겠습니다.”

아나운서의 목소리가 스태틱 수영장에 울려 퍼졌습니다.

미나와 경쟁을 벌이는 선수는 에콜 초등학교의 라니아입니다. 라니아는 미나와 같은 나이이지만 키가 훨씬 커서 어른처럼 보였습니다.

로라가 다니는 스태틱 초등학교와 에콜 초등학교는 경쟁 관계에 있었기 때문에 두 학교의 아이들과 선생님 모두 경쟁

심이 강했습니다.

올림픽 대표 선수가 된다는 것은 해당 학생뿐만 아니라 그 학생이 다니는 학교에도 굉장한 영광입니다. 그래서 아침부터 두 학교의 많은 학생들과 선생님들은 양쪽 스탠드로 나뉘어 응원을 했습니다.

공정한 채점을 할 심사 위원이 소개되었습니다. 5명의 심사 위원 가운데 2명은 각각 스태틱 초등학교와 에콜 초등학교의 체육 선생님이고 다른 3명은 이웃 마을에서 오신 선생님이었습니다.

먼저 에콜 초등학교의 라니아가 다이빙대에 모습을 나타냈습니다. 에콜 초등학교의 열렬한 응원이 시작되었습니다.

라니아는 앞으로 선 채로 공중 2회전을 한 뒤 물속으로 들어갔습니다.

"첨벙."

"점수가 높지 않을 거야."

로라가 말했습니다.

"그걸 어떻게 알아?"

에디가 궁금한 얼굴로 로라에게 물었습니다.

"다이빙에서 가장 중요한 것은 물에 들어갈 때의 자세야. 자세가 좋으면 물이 많이 튀지 않고 소리도 작게 나거든. 그런데 라니아가 물에 들어갈 때는 물도 많이 튀었고 소리도 컸어."

로라가 말을 마치는 것과 동시에 전광판에 각 심판들의 점수가 나타났습니다.

6, 8, 8, 8, 10

스태틱 초등학교의 캐리오스 선생님이 6점을, 에콜 초등학교의 테로 선생님이 10점을 주고, 다른 학교의 선생님들은 8점을 주었습니다.

"점수의 합이 40이니까 5로 나누면 평균은 8점이 되네! 이 정도 점수라면 그리 좋은 점수가 아니야."

로라가 재빨리 점수의 평균을 계산했습니다.

"그런데 이상해! 물에 들어갈 때 자세가 나빠 분명히 감점 요인이 많았어. 그런데 에콜 초등학교의 테로 선생님은 자신의 학교 선수에게 만점을 주었어. 뭔가 좀 이상한데……."

로라는 다른 점수에 비해 테로 선생님의 점수가 너무 높아 이상하게 여겼습니다.

드디어 미나가 다이빙대에 모습을 나타냈습니다.

"미나다!"

아이들이 소리쳤습니다. 하지만 미나의 마음이 흔들릴까 봐 모두 숨죽이며 기다렸습니다.

미나는 뒤로 선 자세로 뛰어내린 뒤 2바퀴를 공중회전하더니 물속으로 쏙 빨려 들어갔습니다.

"멋지다, 미나!"

스태틱 초등학교의 열띤 응원이 이어졌습니다.

"미나가 이겼어. 물도 별로 튀지 않았고 소리도 크지 않았어. 그리고 라니아와 미나가 똑같이 2바퀴를 돌아 물에 들어갔지만 미나의 난이도가 더 높거든."

로라가 미나의 연기에 대해 해설했습니다.

"뒤로 뛰어내리는 게 난이도가 더 높아?"

에디가 물었습니다.

"물론이지. 난이도가 높은 만큼 더 좋은 점수를 받게 될 거야. 미나가 이겼어."

로라는 미나의 승리를 확신했습니다.

잠시 긴장이 흘렀습니다. 곧이어 심사 위원의 점수가 전광판에 나타났습니다.

10, 9, 9, 9

스태틱 초등학교의 아이들이 환호성을 질렀습니다.

"이게 뭐야! 근데 점수가 왜 4개뿐이지?"

에디가 놀라며 물었습니다.

"테로 선생님이 점수를 안 준 것 같아. 하지만 현재까지 합계 점수가 37점이니까 거의 이긴 거나 다름없어."

로라가 미소를 지었습니다. 미나의 우승이 확실했기 때문입니다.

잠시 뒤 전광판에 다섯 번째 점수가 나타났습니다.

10, 9, 9, 9, 0

"이럴 수가!"

로라는 놀라서 입을 다물 수가 없었습니다. 에콜 초등학교의 테로 선생님이 라니아를 우승시키기 위해 미나에게 0점을 주었기 때문입니다.

그러자 관중들이 술렁거렸습니다. 에콜 초등학교의 응원단도 당황하는 것 같았습니다. 모두들 넋이 나간 표정으로 전광판의 점수를 바라보았습니다.

"누가 이긴 거지?"

에디가 로라에게 물었습니다.

"테로 선생님이 0점을 줘서 미나의 총점은 37점이야. 이것을 5로 나눈 7.4점이 미나의 평균 점수야. 라니아의 평균 점수가 8점이니까 라니아의 우승이야. 이럴 수는 없어. 어른들의 욕심 때문에 미나가 그동안 노력했던 것을 헛되게 할 수는 없어!"

로라는 매우 화가 났습니다.

스태틱 초등학교의 아이들이 훌쩍거리며 울기 시작했습니다. 다이빙을 마치고 초조하게 점수를 바라보던 미나도 울고 있었습니다. 설마 0점이 나오리라고는 생각지도 못했기 때문입니다.

잠시 뒤 장내 아나운서의 목소리가 울려 퍼졌습니다.

"이번 우승자는 평균 점수 9점을 받은 스태틱 초등학교의 미나 양입니다."

"미나가 우승이야!"

에디가 소리쳤습니다. 스태틱 초등학교의 응원단이 함성을 질렀습니다. 그리고 에콜 초등학교의 아이들도 미나에게 박수를 쳐 주었습니다.

"어떻게 된 거지?"

에디가 로라에게 물었습니다.

"아하! 다이빙의 채점 방식은 5명의 심사 위원이 준 점수를 평균으로 내는 게 아니야. 지금처럼 고의적으로 상대 선수에게 0점을 주거나 자기 선수에게 10점을 주는 심사 위원들 때문에 가장 높은 점수와 가장 낮은 점수를 제외한 점수의 평균으로 승부를 결정한다고 들었어."

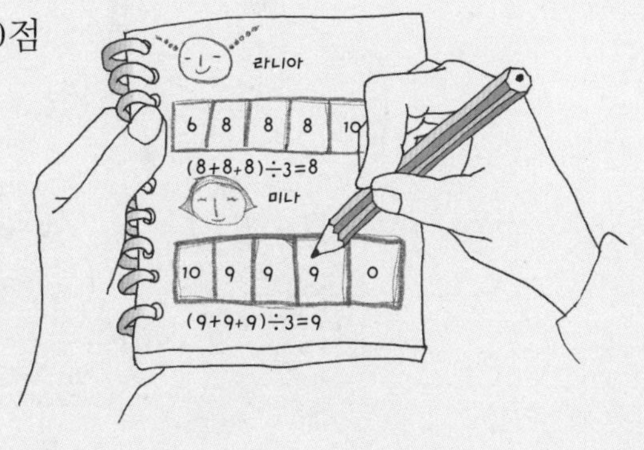

로라가 다이빙의 평균 점수를 내는 방식에 대해 자세히 설

명했습니다. 다시 말해 라니아의 점수에서 가장 높은 점수 10점과 가장 낮은 점수 6점을 빼면,

8, 8, 8

이 되니까 라니아의 평균 점수는 8점이 됩니다. 하지만 미나의 경우 가장 낮은 점수인 0점과 가장 높은 점수인 10점을 빼면,

9, 9, 9

가 되므로 미나의 평균 점수는 9점이 됩니다. 그러므로 미나의 우승이 당연한 것입니다.

미나는 테로 선생님의 방해에도 불구하고 특별한 평균 방식 때문에 우승을 차지하였고, 꿈에 그리던 어린이 올림픽에 출전할 수 있게 되었습니다.

그 뒤 미나는 세계 어린이 올림픽에 출전하여 심사 위원 전원에게 만점을 받고 금메달을 목에 걸었습니다.

수학자 소개

통계 방법을 새로 개발한 피셔Ronald Aylmer Fisher, 1890~1962

피셔는 영국에서 미술품 딜러의 아들로 태어난 농학자이자 통계학자입니다. 피셔는 케임브리지 대학에서 수학, 물리학, 천문학을 전공하고 대학을 졸업한 후 회사의 통계 기술자로 일했습니다. 그 후 고등학교 교사로 학생들을 가르치다가 런던 북부의 로잠스테드 농사 시험 통계 연구실에서 일하게 됩니다.

피셔는 농사 시험 연구실에서 자료들을 정리하던 중 통계 처리해야 할 필요성을 느끼게 되었습니다. 그것을 계기로 피셔는 통계에 대한 연구를 시작하게 됩니다.

피셔는 통계학에 관련된 책들을 찾아보던 중 분포에 관한 논문을 발견하고 부족한 내용을 보완하여 사용하였습니다.

또한 분산 분석법, 실험 계획법을 새로이 개발하여 모집단과 소표본을 구별한 추측 통계학의 기초를 마련하였습니다.

저서로는 《노동자 조사에 관한 통계적 방법》, 《수학적 통계학에 대한 기고》 등이 있습니다.

피셔는 유전학에도 관심이 많아 종합 진화설에 대한 연구를 하였고, 《자연 선택의 유전 이론》 등 유전에 관련된 책도 여러 권 출판하였습니다. 영국의 과학자인 도킨스(Richard Dawkins)는 피셔에게 '다윈의 후계자 중 최고'라는 찬사를 보내기도 했습니다.

피셔는 런던 대학의 우생학 교수를 거쳐, 1943년에는 케임브리지 대학에서 유전학 교수로서 학생들을 가르쳤습니다.

수학 연대표

언제, 무슨 일이?

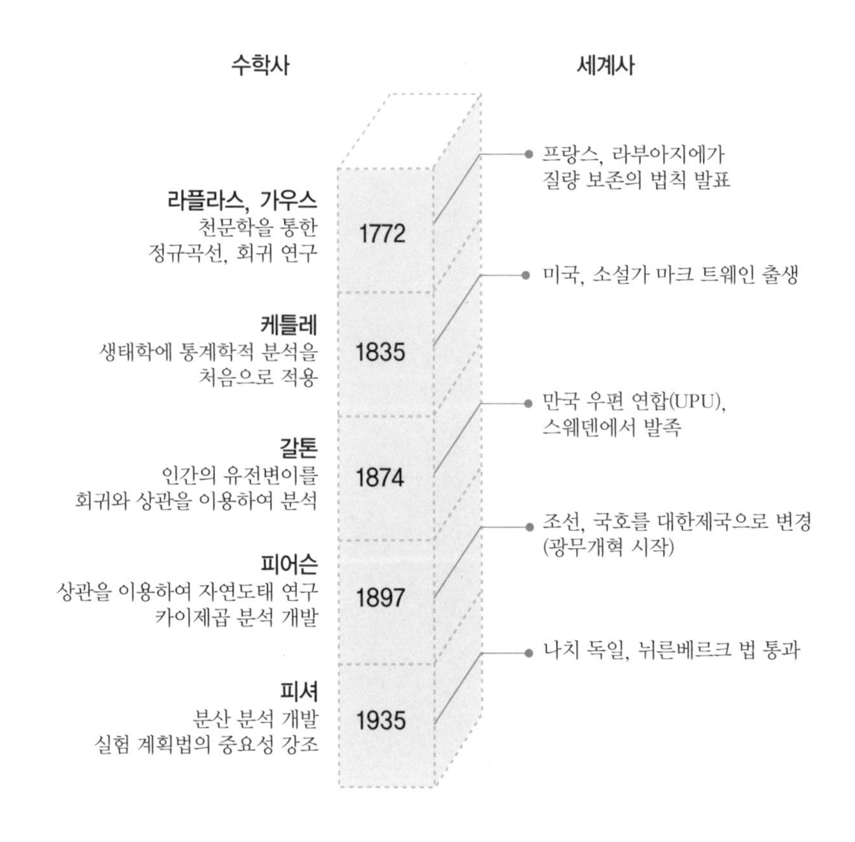

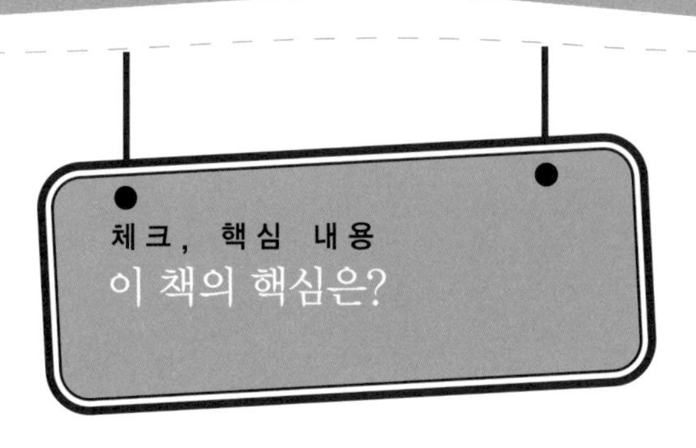

1. 자료를 정리할 때는 □를 만들어 정리하면 한눈에 보기에 좋습니다.
2. 자료의 수를 막대로 나타낸 그림을 □□ 그래프라고 합니다.
3. 여러 나라의 인구를 나타낼 때는 주로 □□ 그래프를 사용합니다.
4. 퍼센트 비율로 나타내려면 □□□을 전체로 보아야 합니다.
5. 두 수의 합을 2로 나눈 값을 두 수의 □□이라고 합니다.
6. 10점, 9점, 8점을 받은 사람의 평균은 □ 점입니다.
7. 동전 1개를 던졌을 때 나오는 사건의 종류는 □ 가지입니다.
8. 문제를 맞히면 1점, 틀리면 0점이라고 합시다. 2개의 OX 문제를 내었을 때, 적어서 낼 수 있는 답안지의 종류는 □ 가지이고, 이때 기대 점수는 □ 점입니다.

1. 표 2. 막대 3. 그림 4. 100 5. 평균 6. 9 7. 2 8. 4, 1

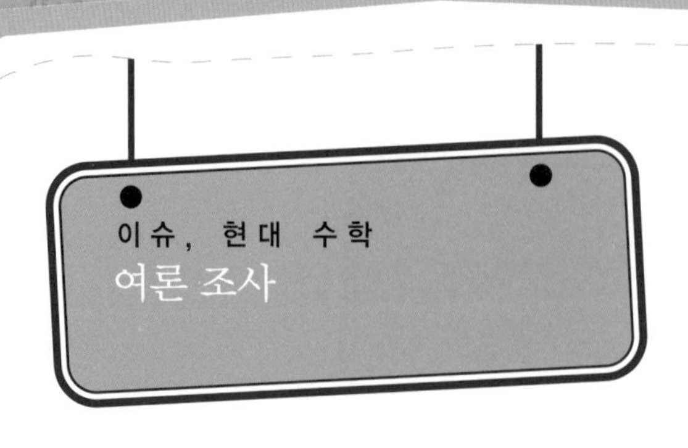

대통령 선거 때 투표가 끝나면 누가 대통령이 될 것인지를 예측할 수 있을까요? 이때 출구 조사를 통해 일부분의 유권자에게 의견을 물어보는데, 이렇게 선택된 유권자들을 통계적 표본이라고 부릅니다. 이때 표본 속의 유권자들의 수를 표본의 크기라고 부릅니다.

수학자들은 표본의 크기가 적당히 크면 표본에서의 통계가 전체 집단에 대한 통계와 비슷한 모습이 되고, 표본에서의 평균을 통해 전체 집단에서의 평균을 유도해 낼 수 있다는 것을 알아냈습니다.

일반적으로 사람들의 생각이 다양할 때 이것은 정규분포를 이루게 됩니다. 정규분포는 가우스가 처음 연구했기 때문에 가우스분포라고도 부르지요. 정규분포에 따르면 평균에 해당되는 사람 수가 제일 많으며 평균에서 멀어질수록 사람 수는 점점 줄어들게 됩니다.

예를 들어, 만 명의 학생이 수학 시험을 치렀을 때 평균이 50점이라면 50점을 받은 학생이 가장 많고, 그 다음으로는 55점이나 45점을 받은 사람이 많게 됩니다. 그리고 50점과 차이가 많이 나는 점수를 받은 학생 수는 점점 작아져 0점이나 100점을 받은 사람은 제일 적은 수가 됩니다. 이때 이들 중 아무렇게나 100명을 뽑아 표본을 만들고 성적 분포를 조사해 보면 역시 정규분포를 이루게 됩니다.

하지만 만 명의 정규분포와 100명을 뽑은 표본의 정규분포의 그래프가 완전히 일치하지는 않지요. 그래서 발생하는 차이를 오차라고 하는데, 오차가 아주 작다면 표본에서의 평균이 전체 집단에서의 평균과 거의 같다고 얘기할 수 있습니다.

따라서 여론 조사는 이런 작은 오차의 범위 내에서 A후보를 찍은 사람과 B후보를 찍은 사람이 대략 몇 명인지를 예상할 수 있는 것이지요.

찾아보기

어디에 어떤 내용이?